助力乡村振兴
出版计划

【现代种植业实用技术系列】

猕猴桃
新优品种及高效栽培技术

主　　编　齐永杰
编写人员　高正辉　马　娜　赵宏远
　　　　　鲁立庆　张晓玲　崔广胜
　　　　　杨　雪　柯凡君　朱海燕

U0396132

APTIME
时代出版
时代出版传媒股份有限公司
安徽科学技术出版社

图书在版编目(CIP)数据

猕猴桃新优品种及高效栽培技术 / 齐永杰主编.
--合肥:安徽科学技术出版社,2024.1
助力乡村振兴出版计划.现代种植业实用技术系列
ISBN 978-7-5337-8840-7

Ⅰ.①猕… Ⅱ.①齐… Ⅲ.①猕猴桃-高产栽培
Ⅳ.①S663.4

中国国家版本馆 CIP 数据核字(2023)第 208863 号

猕猴桃新优品种及高效栽培技术　　　　　　　　　　　　主编 齐永杰

出版人:王筱文　选题策划:丁凌云　蒋贤骏　王筱文　责任编辑:王　霄
责任校对:沙　莹　责任印制:梁东兵　　　　　　装帧设计:王　艳
出版发行:安徽科学技术出版社　　　　http://www.ahstp.net
　　　(合肥市政务文化新区翡翠路 1118 号出版传媒广场,邮编:230071)
　　　电话:(0551)63533330
印　　制:安徽联众印刷有限公司　　电话:(0551)65661327
(如发现印装质量问题,影响阅读,请与印刷厂商联系调换)

开本:720×1010　1/16　　　印张:8.5　　　字数:120 千
版次:2024 年 1 月第 1 版　　印次:2024 年 1 月第 1 次印刷

ISBN 978-7-5337-8840-7　　　　　　　　　定价:39.00 元

出版说明

"助力乡村振兴出版计划"(以下简称"本计划")以习近平新时代中国特色社会主义思想为指导,是在全国脱贫攻坚目标任务完成并向全面推进乡村振兴转进的重要历史时刻,由中共安徽省委宣传部主持实施的一项重点出版项目。

本计划以服务乡村振兴事业为出版定位,围绕乡村产业振兴、人才振兴、文化振兴、生态振兴和组织振兴展开,由《现代种植业实用技术》《现代养殖业实用技术》《新型农民职业技能提升》《现代农业科技与管理》《现代乡村社会治理》五个子系列组成,主要内容涵盖特色养殖业和疾病防控技术、特色种植业及病虫害绿色防控技术、集体经济发展、休闲农业和乡村旅游融合发展、新型农业经营主体培育、农村环境生态化治理、农村基层党建等。选题组织力求满足乡村振兴实务需求,编写内容努力做到通俗易懂。

本计划的呈现形式是以图书为主的融媒体出版物。图书的主要读者对象是新型农民、县乡村基层干部、"三农"工作者。为扩大传播面、提高传播效率,与图书出版同步,配套制作了部分精品音视频,在每册图书封底放置二维码,供扫码使用,以适应广大农民朋友的移动阅读需求。

本计划的编写和出版,代表了当前农业科研成果转化和普及的新进展,凝聚了乡村社会治理研究者和实务者的集体智慧,在此谨向有关单位和个人致以衷心的感谢!

虽然我们始终秉持高水平策划、高质量编写的精品出版理念,但因水平所限仍会有诸多不足和错漏之处,敬请广大读者提出宝贵意见和建议,以便修订再版时改正。

本册编写说明

　　猕猴桃属于猕猴桃科猕猴桃属，是我国重要的本土果树，也是国际上的重要水果种类。猕猴桃于20世纪初开始人工裂化，至今仅100余年历史；其果实风味酸甜爽口、香气浓郁、质嫩多汁，富含维生素C、蛋白质、氨基酸和各类矿质元素等多种营养成分，深受消费者喜爱。近年来，我国猕猴桃产业发展迅猛，已经成为世界上猕猴桃栽培面积和产量最大的国家。安徽省皖西大别山区是中华猕猴桃原生境区域，发展猕猴桃产业具有得天独厚的资源优势和生态优势。猕猴桃产业现已成为安庆市岳西县、六安市金寨县、黄山市休宁县等山区巩固脱贫攻坚成果、助力乡村振兴的重要产业。

　　本书通过九个章节系统介绍猕猴桃产业的现状及发展趋势、生长发育特性及适宜生态环境、优良品种介绍、园地选择和建园、花果管理、土肥水管理、整形修剪、病虫害及果园灾害预防、采收及采后处理等内容，涉及多个学科知识的交叉。本书可供新型职业农民、县乡村基层干部和"三农"工作者参考。

　　本书由齐永杰、高正辉、马娜、赵宏远、阚丽平等编写。在编写和出版过程中，还得到了中国科学院武汉植物园、中国农业科学院郑州果树研究所等国内相关行业专家的大力支持，在此谨表感谢。

目　录

第一章 猕猴桃产业的现状及发展趋势

猕猴桃,系猕猴桃科猕猴桃属藤本植物,原产于中国,俗名"藤梨""仙桃""毛梨""羊桃""猴子梨",至今已有100余年的驯化栽培历史。猕猴桃的种类资源极为丰富,果实形状、果肉颜色等形态特征各异,果实具有独特的风味和丰富的营养,既可鲜食也可加工,是一种兼食用与药用为一体的保健型水果,有着"果中珍品""水果之王"的美誉。猕猴桃目前已发展成为全国乃至全球的热门新兴水果之一。

▶ 第一节 世界猕猴桃发展趋势

一 世界猕猴桃种植规模

近年来,世界猕猴桃商业栽培面积持续上升。2020年,据联合国粮食及农业组织(FAO)统计,全球共有23个国家生产猕猴桃,栽培面积27万余公顷,但主要集中在排名前十的国家,总收获面积占世界的98.45%,排在第一至第五的中国、意大利、新西兰、希腊、伊朗的总收获面积约占世界的91.38%,特别是中国的收获面积占68.2%。其中,中国猕猴桃栽培面积约18.4万公顷,意大利约2.5万公顷,新西兰1.55万公顷,希腊1.1万公顷,伊朗0.98万公顷。过去十年里,世界猕猴桃种植面积呈现持续稳定增长态势,且表现为南、北半球同时增长的局面,尤其是北半球的中国和

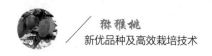
南半球的智利增长显著。另两大主产国意大利和新西兰也有较大幅度的增长。

二 猕猴桃平均单产

2020年，全球猕猴桃平均单产为16.30吨/公顷。平均单产前5位的国家是新西兰、希腊、伊朗、美国、智利；新西兰达40.26吨/公顷，远超其他国家。中国平均单产排第17位，仅12.08吨/公顷，是世界平均单产的74.11%，是新西兰平均单产的30.00%。

三 国际猕猴桃产业的主栽品种

目前国际猕猴桃市场上，"海沃德"依然占主导地位，占整个猕猴桃贸易的80%以上。虽然还有一些其他美味猕猴桃品种，但种植规模都很小，如意大利的"Top Star"及新西兰的"Tomua"品种，在市场上都微不足道，而且"Tomua"已逐渐从商业化种植中被淘汰掉。最近也有美味猕猴桃新品种开始种植，如意大利的"Su mmer kiwi"，但由于还没有达到盛产期，尚无法评估它的市场前景。中国猕猴桃种植面积的增加正在改变全球猕猴桃的种类及栽培品种结构。在中国，目前商业化栽培的猕猴桃品种24%为中华猕猴桃系列，67%为美味猕猴桃系列。中国以外的其他国家，占绝大部分的是美味猕猴桃，中华猕猴桃的种植面积目前总计不超过3 000公顷。所以，包括中国在内的世界猕猴桃种植面积大约15%为中华猕猴桃，85%为美味猕猴桃。

▶ 第二节　我国猕猴桃生产现状

一　我国猕猴桃种植规模

中国猕猴桃产业的扩张速度和规模令人瞩目，种植面积迅速增长，1978 年中国猕猴桃种植面积不足 1 公顷，到 1990 年总种植面积增长到 4 000 公顷，1996 年达 4 万公顷，2002 年达 5.7 万公顷，2003 年达 6.1 万公顷，2004 年达 6.4 万公顷，2010 年超过了 7 万公顷，2020 年达 18.4 万公顷，居全球第一。目前世界过半的猕猴桃种植区在中国，中国仅陕西一个省的猕猴桃果园面积就超过了猕猴桃商品生产大国之一的新西兰。

二　我国猕猴桃的三大产区

从种植面积和产量上来划分，我国猕猴桃分三大产区：一是河南伏牛山、桐柏山、大别山区，二是秦岭山域，三是贵州高原及湖南省的西部。具体分布在陕西、河南、江苏、安徽、浙江、湖南、海南、湖北、四川、北京、甘肃、云南、贵州、福建、台湾、广东、广西等地。其中陕西省西安市周至县和毗邻的宝鸡市眉县因盛产猕猴桃成为名副其实的猕猴桃之乡。

三　我国猕猴桃主栽品种

较新西兰、意大利和智利的不同，中国的猕猴桃产业则主要供应国内市场，出口量非常有限。中国的猕猴桃种植具有多样性，但随着消费市场的选择，猕猴桃商业栽培的品种也逐渐集中到少数的主栽品种，如海沃德、布鲁诺、徐香、秦美、金魁、华优、金艳、亚特、米良 1 号等。近几年推出的种间杂种的黄肉品种金艳因果实综合商品性突出（果实极耐贮藏、货

架期长等),近几年迅速发展到 3 万亩(1 亩 ≈ 666.67 米²)以上;翠香因果实风味浓甜,栽培面积迅速扩大,且果品在市场深受消费者喜爱。据 2022 年中国园艺学会统计,全国猕猴桃绿肉品种占比近 50%,红肉、黄肉约占 33% 和 16%。其中,超过 10 万亩的主栽品种中,绿肉品种主要包括徐香、翠香、海沃德、贵长、米良 1 号等,红肉品种主要为红阳、东红、金红 1 号等,黄肉品种主要以金艳、金桃为主。

▶ 第三节　猕猴桃生产存在的问题

一　名优产品少,品种单一

由于品种选育及改良工作仍处于初级阶段,可供选择的名优产品较少,在一定程度上制约了我国猕猴桃产业的发展。因栽培品种不配套,容易出现产期集中、产品积压等问题。

二　产业发展缺乏科学规划

种植区域较为分散,连片成规模的不多。多数农户仍保留小农经济的观念,信息闭塞、销售不畅,生产难以规模化,管理难以科学化,整个产业发展缺乏规划,难以形成有效的市场占有率和市场定价话语权。

三　栽培技术水平有待提高

作为新引进的水果品种,大部分种植户缺少种植经验,处于实践探索之中,一些配套的成熟技术并没有完全推广应用到生产中,因此,生产水平和单位产量需要进一步提升。据调查,我国约有 30% 的果园授粉树配置严重不足,部分果园根本没有授粉树,致使猕猴桃受精不良,产量不稳,果个大小不一,畸形小果偏多。

四 缺少忧患意识,产品市场前景不明

地方政府和农户只看到目前猕猴桃的销售喜人,却很少考虑猕猴桃种植上规模以后的销售出路。如果种植面积过大,鲜果市场竞争力加剧,会出现什么样的市场风险,心中无底。

五 贮藏、加工技术相对落后

我国目前猕猴桃果实基本上是以直接销售为主,与生产配套的贮藏保鲜加工设施少且相对落后,猕猴桃资源综合利用能力有待提升。

▶ 第四节 我国猕猴桃产业发展趋势和对策

一 我国猕猴桃的发展前景和优势

我国发展猕猴桃有巨大潜力和发展前景,发展优势也很明显,这主要是基于以下几个原因。

（一）资源丰富

我国本身就是猕猴桃的发源地,有着十分丰富的猕猴桃种质资源。据统计,在全世界54个品种中,原产于中国的有52个。在原产品种的基础上,我国科技工作者又选育出一批具有国际水平的新品种。

（二）生态环境丰富多样

我国幅员辽阔,生态环境多样。在众多的地区中,有许多适宜和比较适宜栽培的地区,为我国各地生产大量优质新鲜的猕猴桃提供了自然条件。

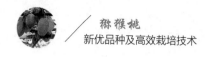

（三）市场巨大

1.国内市场潜力巨大

目前我国年人均猕猴桃消费量不足 300 克,远不如新西兰、意大利等国的消费量,而我国自身的产量还不能满足国内需要,京、津、沪等大中城市每年从新西兰进口部分猕猴桃,因此国内市场潜力巨大。

2.国际市场需求旺盛

我国毗邻的国家栽培猕猴桃较少, 我国生产的猕猴桃可以向这些国家和地区出口。据统计,目前世界猕猴桃的总产量处于供不应求状态,仅占世界苹果产量的 1/60、柑橘类产量的 1/70、葡萄产量的 1/80、香蕉产量的 1/90。

因此,无论在国内市场还是在国际市场,猕猴桃都有极大的销售空间。

（四）市场竞争潜力大

由于自然环境的差异性,中国猕猴桃成熟期主要在 9—11 月,果实品质、风味极佳,采收期十分有利于保鲜贮藏,而新西兰猕猴桃成熟期则在 4—6 月。这种成熟期上的差异性可以有效地避开中、新两国猕猴桃的销售竞争,同时也有利于提高我国猕猴桃的市场竞争力。

二　我国猕猴桃的发展趋势与对策

（一）要有超前发展的眼光

以应对入世后国际果品市场形势为出发点, 积极开展猕猴桃绿色种植、有机种植,通过标准化生产实施质量兴果战略,把工作的着力点放在提高基地建设水平、提高果品质量上,掌握主动,超前发展,以优取胜,进军国际果品市场。

（二）重视龙头企业的参与

企业是市场的主体,通过龙头企业参与猕猴桃的种植,可以带动果农按照企业标准实施规范化管理,确保果实品质。再通过龙头企业的市场运作,以高质量赢得市场信誉,取得好的经济效益,以优质优价保证效益的最大化。既能增加基地果农的经济收入,提高规模种植的积极性,又能促进企业的进一步发展,实现产业的优化升级。

(三)积极发展专业合作组织

目前我国猕猴桃产业还处于初级阶段,产业发展存在着一定的局限和不足,要在销售环节防止相互拆台,做到共同对外竞争,都需要通过强有力的产业化组织来协调解决。可以按照"民办、民营、民受益"的原则建立猕猴桃果业协会组织,对猕猴桃的种植、加工销售等环节进行全面规划,合理配置品种资源。通过为果农提供技术指导、资金扶持、物资供应、贮藏加工、运输和供求信息等服务,把猕猴桃的产、贮、加、销、运等环节有机地连接在一起,创基地营销品牌,参与市场有序竞争,更好地推动优质果品生产。

(四)加快品种结构调整

由于不同品种对不同产区的生态环境适应性不同,因此要因地制宜地发展优良新品种,加快品种结构调整。同时也要考虑市场因素,如交通状况、消费水平、贮藏条件及加工水平,切勿盲目发展。要根据不同的地域和不同的自然生态条件来发展不同的品种,如我国中西部地区有广阔的山区,优良的生态环境,应优先发展果大、质优、丰产、耐贮的美味猕猴桃品种及中华猕猴桃优良品种。

(五)加大科技投入,提高果品质量

在种植生产过程中,要提高猕猴桃产业各个环节的管理水平,就必须加大科技投入的力度,包括:产前对市场进行科学的预测,选择适宜品种,确定发展方向;产中应用高新技术,提高果品内外在品质;产后应用现代化的贮藏保鲜技术和加工技术,实现增值、增效。同时要着力加强采

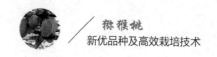

后商品化处理问题,提高国际市场竞争力,做到一流产品、一流包装、一流管理和一流营销水平。同时还要根据不同消费人群、不同季节的需要,及时生产出相应的高质量猕猴桃产品,提升经济效益。

第二章　猕猴桃生物学特性及对环境条件的要求

▶ 第一节　猕猴桃的植物学特性

 根

猕猴桃根外皮层较厚,老根表层常龟裂状剥落,为肉质根;根部含水量高,一、二年生根的含水量都在80%以上。猕猴桃主根虽然不发达,较一般果树少,但是侧根和须根发达且密集,侧根随植株生长向四周扩展,呈扭曲状;根系受伤后,再生能力强。

猕猴桃根系在土壤中的垂直分布浅,而水平分布范围广。土层的厚度、温度、水分、空气、养分都是影响根系生长的重要因子。研究表明,猕猴桃根系在土壤中的垂直分布通常在40~80厘米深,成年树根群体的分布范围约为树冠的3倍。猕猴桃的根系扩展面大,吸收水分和营养的能力强,生长势旺盛。

 芽

猕猴桃的芽有主芽和副芽之分,主芽又可分为叶芽和花芽。芽着生在叶腋间海绵状的芽座中,被3~5层棕褐色毛状鳞片所包被。通常1个叶腋里有1~3个芽,中间较大的芽为主芽,两侧为副芽,主芽易萌发成为新

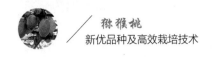
梢,而副芽多成为潜伏芽,在主芽受伤或枝条被修剪时才能萌发。老蔓上的副芽在萌发后多抽生为徒长枝,而且寿命较长,这对枝条更新有重大意义。

幼苗期和潜伏芽萌发形成徒长枝上的主芽瘦小,多为叶芽,只抽梢长叶而不结果。成年树上良好的发育枝及结果枝上的主芽易形成花芽。

猕猴桃的萌芽期多在3月上中旬,萌发率较低,一般为47%~54%,有利于防止枝条过密导致内膛郁闭,减少管理中的抹芽、疏枝工作量。

三 叶

猕猴桃的叶为单叶互生,膜质、纸质或革质,形状有椭圆形、宽倒卵形、披针形、矩形、扇形等,长5~10厘米,宽6~18厘米,叶片大而较薄,顶端钝圆或微凹,很少有小突尖,基部呈楔形、圆形或心脏形等。多数有长柄,长3.0~7.5厘米,边缘有锯齿,叶脉羽状,多数叶脉间有明显横脉,小脉网状。叶面颜色深,呈绿色,叶背颜色较浅,具灰白色星状茸毛。

猕猴桃叶的形状,不同的种群之间差异很大,叶下面及叶柄的毛被也不一致。同一植株上叶形和颜色,也因着生部位和年龄而有变化。同一枝条上的叶片,基部和顶部的稍小,中部的最大;有的幼叶红紫色,有的种群的叶端或全叶在夏季变为灰白色或粉红色。

一枚叶片从展叶到定形,大约需40天,展叶后的前20天,叶片生长最快,为迅速生长期,此期叶面积已达总面积的92%。叶片是猕猴桃进行光合作用的主要器官,要获得高产稳产,在萌芽之后,需尽快使叶片迅速扩展到应有大小,并在最短的时期内使叶面积指数达到理想状态。

四 枝条

猕猴桃的枝属蔓性枝条,枝蔓褐色,中心有髓,髓部大,白色,层片状;

木质部组织疏松,导管大而多。新梢以黄绿色或褐色为主,密生茸毛,老枝灰褐色,无毛。在生长的前期,具有直立性,先端并不攀缘;在生长的后期,其顶端具有逆时针旋转的缠绕性,能自动缠绕在他物或自身上。狝猴桃的枝具有十分明显的伤流现象,伤流早(2 月下旬),伤流期长(一般为50 天左右),且伤流量大。

当年萌发的新蔓,根据其性质不同,分为生长枝和结果枝。

生长枝也叫营养枝,是指只进行营养生长而不能开花结果的枝条,包括普通生长枝和徒长枝。普通生长枝,主要从幼龄树和强壮枝中部萌发,长势中等,易形成翌年结果母枝;徒长枝,多从主蔓上或枝条基部的隐芽上萌发而来,生长势强,一般可达 5 米,节间长,芽较小,组织不充实,这类枝条是较好的更新枝,不要轻易剪掉。

结果枝是指在雌株上能开花结果的枝条。雄株的枝只开花不结果,称为花枝。根据枝条的发育程度,结果枝又分为:徒长枝(长度为 1.5 米以上)、长果枝(长度为 1.0 米)、中果枝(长度为 0.3~0.5 米)、短果枝(长度为0.1~0.3 米)和短缩状果枝(长度为 0.1 米以下)。

据调查,进入结果期的狝猴桃树,以一年生枝的中果枝、短果枝和短缩状果枝的上部结果为主,占全部结果枝的 60%~75%。结果母枝一般可萌发 3~4 个结果枝,发育良好的可抽 8~9 个。一个结果母枝可连续结果3~4 年。

五 花和花序

狝猴桃多为雌雄异株植物,雌花、雄花分别在雌株、雄株上。雌花、雄花虽然在形态上是两性花,但是在生理功能上却表现出单性花的特性。因为雌花的花粉是不稔的,雄花的子房是退化的,在发育过程中都处于败育状态。

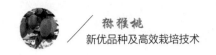
花开时雌性植株的花多数为单生,雄性植株的花通常3~6朵成腋生聚伞花序,每个花序中花朵的数量在种间及品种间均有差异。花期5—6月,初开时乳白色,后变黄色,单生或数朵生于叶腋。萼片多为5枚,少数2~4枚,分离或基部合生,常呈覆瓦状排列,上面有锈色茸毛。花瓣多为5枚。

猕猴桃的花期,也因种类和品种的不同而异,环境的变化对其也有影响。例如软枣猕猴桃、中华猕猴桃初花期多在4月中下旬,而美味猕猴桃、毛花猕猴桃的初花期多在4月下旬。另外,天晴、气温高时,花期短;而阴天、气温低时,花期长。

雄花的花粉可通过昆虫、风等自然媒体传到雌花的柱头上进行授粉,也可人工授粉。猕猴桃的花从现蕾到开花一般需25~40天,对于每个花枝开放的时间,雌、雄花有一定区别,雄花需5~8天,而雌花只需3~5天。对于猕猴桃植株的全株开放时间,雄株需7~12天,雌株需5~7天。这种习性要求我们在种植时一定要科学配置授粉树,雌、雄株在花期上努力做到一致。

六 果实

猕猴桃果实为典型的浆果。近球形、卵圆形、圆柱形、长圆形、卵形等;果皮棕褐色、黄绿色或青绿色;果面无毛或被柔软的短茸毛或被刺毛状的长硬毛;果肉黄色、黄白色、淡绿色、翠绿色、粉红色或紫红色;中轴胎座,多心皮(24~47个),横断面呈放射状。我们常见的猕猴桃的果实大小和鸡蛋差不多,一般为20~50克,果实大小以能充分体现其品种特性为佳,果实最大的是中华猕猴桃和美味猕猴桃,大的可达200克。

七 种子

狝猴桃种子形似芝麻,红褐色、棕褐色或黑褐色,表面隐有蛇纹,每果含种子 100~120 粒,千粒重 1.3 克左右。

▶ 第二节　狝猴桃的生物学特性

一 生长特性

狝猴桃主根不发达,为浅根性,侧根和细根多而密集,呈须根状根系。根系生长高峰期一年中有 2 次,分别在 6 月与 9 月。根能产生不定芽和不定根,再生能力强。

狝猴桃一年生苗生长较慢,主枝一般不分枝,二年生苗生长迅速并开始在主枝下部分枝,3 年以后年生长量增大,一般 1~2 米,长的可达 8 米。

狝猴桃的主芽易萌发为新梢,副芽不易萌发而变为潜伏芽,一旦萌发,多抽生为徒长枝。枝条基部的芽凹陷,多为盲节,不抽生枝条,中上部的芽饱满充实。结果枝由当年生枝中下部饱满芽萌发而成。当年生枝条顶端生长扭曲,自然枯萎,称为"自枯现象"。主蔓具左旋缠绕性。枝条有明显背地性,极性很强。

二 开花特性

(一)花的着生部位

花着生在结果枝(或花枝)下部叶腋间。雌花从结果枝基部叶腋开始着生,第 2~6 叶腋间居多。雄花从花枝基部开始着生。

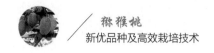

(二)开花期

花期的早晚主要决定于春天的气温和积温。春天回暖早,气温高,开花就提前,否则就延迟。安徽省金寨县吴家店镇一般4月下旬至5月上旬初花,5月上旬盛花,5月中旬末花。

(三)开花顺序

中华猕猴桃比美味猕猴桃开花早,一般相差10天左右。同一株树上,开花顺序大部分是先内后外、先下后上;在一个枝条上(结果枝或花枝)中部的花先开,或先上而下;在一个花序上,顶花先开,侧花后开,全株的侧花几乎在同一天开放。

(四)开花时间

雌、雄花多在上午5—6时开放,但有的雄花也有在下午开放的现象。特别是晴转阴天气,全天都有很少的雌、雄花开放。

(五)花的寿命

雌花2~6天,多为3~5天;雄花3~6天,多为3~4天。花的寿命常受天气条件的影响,若开花期内天气晴朗、多风、干燥、气温高,花的寿命就短;相反,遇阴天、无风、气温低,花的寿命相对就长些。

(六)授粉、受精

猕猴桃花器在形态学上是完全花,但花器发育不健全。经套袋观察,雌花与雄花均无自花结实能力。雌花的雄蕊退化,花粉少而空瘪;雄花的雌蕊退化,子房小,无胚珠。因此,建立猕猴桃人工栽培园时,必须选栽一定比例的雄株作授粉树,或配套栽培采花粉的雄株,专供人工授粉,才能保证雌株受精结果。据观察,雌花柱头在开花前2天到开花后3~4天授粉较好;雄花花粉的生命力在开花前1~2天到开花后4~5天最旺,因此可授粉期为6天左右。

三 结果特性

猕猴桃实生苗一般3~4年开始结果,5~7年进入盛果期。嫁接苗第2年开始结果,第4~5年进入盛果期。一般株产25千克左右,亩产1 500~2 000千克,丰产性强。

结果母枝从基部3~7节开始抽生结果枝,结果枝于茎部2~3节开始开花结果,一个结果枝一般着生3~5个果实。由开花终期到果实发育成熟一般需130天左右。中华猕猴桃成熟期在9月中下旬,美味猕猴桃成熟期在10月中旬至11月上旬。未经采摘的成熟果实,经霜冻后仍可挂在植株上。

四 物候期

猕猴桃的物候期是指各器官在1年中生长发育的周期。猕猴桃的物候期大致分为以下几个时期。

萌芽期:全株有5%芽的鳞片裂开,微露绿色。

展叶期:全株有5%的叶开始展开。

新梢开始生长期:全株有5%的新梢开始生长。

现蕾期:全株有5%的枝蔓基部出现花蕾。

始花期:全株有5%的花朵开放。

盛花期:全株有75%的花朵开放。

终花期:全株有75%的花朵花瓣凋落。

坐果期:全株有50%的花朵凋落至95%的花朵凋落,这段时期的花瓣凋落之时果实开始生长。

新梢停止生长期:全株有75%的新梢停止生长。

2次新梢开始生长期:全株有5%的新梢开始第2次生长。

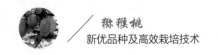

2 次新梢停止生长期：全株有 75% 的 2 次生长新梢停止生长。

果实成熟期：果实种子已饱满呈深褐色的时期。

落叶期：全株有 5% 的叶开始脱落到 75% 的叶脱落完毕之间的时期。

休眠期：全株有 75% 的叶脱落完毕到来年芽膨大之间的时期。

伤流期：植株受伤后流出树液的时期，常发生在早春即将萌芽到萌芽后的一段时间，约 2 个月。

影响猕猴桃物候期的主要因素是温度条件。因此，年份、地理位置、海拔高度和坡向不同，物候期也不相同。美味猕猴桃的物候期一般比中华猕猴桃晚，萌芽、展叶期晚 4~5 天，开花期晚 7~10 天，果熟期晚 20~35 天。

猕猴桃营养生长期为 230~250 天。果实的生长发育期为 130~250 天。

五 植株寿命

猕猴桃植株寿命相对较长，正常栽培情况下 20~25 年仍能开花结果。野生状态下，百年以上的中华猕猴桃树和软枣猕猴桃树仍健壮生长。安徽省金寨县猕猴桃原生境保护区内，200 多年树龄的中华猕猴桃仍结果累累。猕猴桃在肥水条件好、管理水平高的条件下，百年老树亦可开花结果。

▶ 第三节　猕猴桃对环境条件的要求

猕猴桃几乎在我国各省区均有分布，但比较密集的区域主要集中在秦岭以南山脉以东地区，这一地区也是猕猴桃最大的经济栽培区。多年的生产实践和科学研究表明，猕猴桃喜土壤疏松肥沃、温暖湿润和光照充足的地方，怕高温干旱，怕渍，怕强风，怕霜冻和怕盐碱。因此，只有选择适宜的生态环境，并采用科学的栽培管理技术，才能保证猕猴桃种植获得优质丰产。

一 温度

　　温度是限制狝猴桃分布和生长发育的主要因素，也是影响狝猴桃后期果实口感质量的重要因素，每个品种都有适宜的温度范围，超过这个范围则生长不良或不能生存。总的来说，大多数狝猴桃品种适宜温暖湿润的气候，即亚热带或暖温带湿润半湿润气候，主要分布在北纬18°~34°的广大山区。这个范围内生态条件气候温和，年平均气温在11.3~16.9 ℃，极端最高气温42.6 ℃，极端最低气温约在–20.3 ℃，7月份平均最高气温30~34 ℃，10 ℃以上的有效积温为4 500~5 200 ℃，无霜期190~270天。

　　当然，狝猴桃种群间对温度的要求也不可能一致，如中华狝猴桃在年平均温度4~20 ℃生长发育良好，而美味狝猴桃在13~18 ℃范围内分布最广。狝猴桃的生长发育进程也直接受温度影响。有研究表明，美味狝猴桃当气温上升到6 ℃以上时，树液开始流动，在8.5 ℃以上时幼芽开始萌动，在10 ℃以上时开始展叶，15 ℃以上时才能开花，然后进入快速生长时期，尤其是在20~25 ℃时，新梢生长最快，20 ℃以上时才能结果。如果最高气温高于35 ℃时，易造成热害，如果持续高温干旱，造成狝猴桃落叶、落果现象。当气温下降至12 ℃时则进入落叶休眠期，自然休眠需要20~30天，日均气温在5~7 ℃时最有效，低于0 ℃时作用不理想。若休眠不足，翌年发芽不整齐，花芽有枯死、脱落现象。整个发育过程需210~240天，其间日温不能低于10 ℃，晚霜期绝对气温不低于–1 ℃。在栽培时，要防止早春"倒春寒"，以免花蕾受冻。开花期低温、多雨也对狝猴桃的开花结果有影响。

　　在低丘陵、平原地区发展狝猴桃时，最大的限制因素就是高温干旱，除了在生产设施、栽培技术等方面采取抗旱措施，还应根据当地条件选

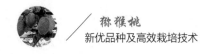
用耐旱品种。

二 水分

　　猕猴桃需水又怕涝,属于生理耐旱性弱、耐湿性弱的果树,因此对土壤水分和空气湿度的要求比较严格。这一生长特性也决定了猕猴桃最适宜在雨量充沛且分布均匀、空气湿度较高、湿润但不渍水的地区栽培。我国猕猴桃的自然分布区年降水量在 800~2 200 毫米, 空气相对湿度为74.3%~85.0%。一般来说,凡年降水量在 1 000~2 000 毫米、空气相对湿度在 80%左右的地区, 均能满足猕猴桃生长发育对水分的要求。如果年平均降水量在 500 毫米,则必须考虑设立灌溉设施,以备干旱时灌溉所需。高山地区雾气较多、溪涧两旁的土壤湿润,常年湿度大,比较适宜猕猴桃生长。在中部和东部地区,4—6 月雨水充足,枝梢生长量大,适合猕猴桃的生长要求。

　　猕猴桃的抗旱能力比一般果树差,猕猴桃叶形大而稠密,蒸腾量大,对水分需求量较大。据测算,树冠面积 25 米² 的成年猕猴桃树,每天蒸腾失水在 75 升以上。一般在土壤含水量减少到 5%时,导致水分不足,引起猕猴桃枝梢生长受阻,其叶片开始受旱,叶片下垂变小,叶缘枯萎。在干旱时,叶片开始干枯,这时必须及时灌溉或喷水,尤其在幼苗期,根系还未完全展开,更需补足水分。除不抗旱外,猕猴桃还怕涝,在排水不良或渍水 2~3 天时,植株死亡 40%左右。我国南方的梅雨或北方的雨季,如果连续下雨而排水不畅,则使根部处于水淹状态,影响根的呼吸,时间长了会导致根系组织腐烂,植株死亡。因此种植时应进行深沟、高畦栽培,果园应修建完备的排、灌系统。

三 土壤

狝猴桃喜土层深厚、肥沃疏松、保水排水良好、湿润中等、通透性良好、腐殖质含量高的黑色腐质土、沙质壤土和冲积土,最忌黏性重、易渍水及瘠薄且土层浅的红壤、黄壤、黄沙土等土壤。对土壤酸碱度的要求不是很严格,但以酸性或微酸性土壤上的植株生长良好,pH 适宜范围在 5.5~6.5。在中性(pH 7.0)或微碱性(pH 7.8)土壤上也能生长,但幼苗期常出现黄化现象,生长相对缓慢,而且易诱发多种生理病害。

除土质及 pH 外,土壤中的矿质营养成分对狝猴桃的生长发育也有重要影响。由于狝猴桃需要大量的氮、磷、钾和丰富的镁、锰、锌、铁等元素,如果土壤中缺乏这些矿质元素,在叶片上常表现出营养失调的缺素症。因此,为保证狝猴桃正常生长发育,对不理想的土壤,在建园定植之前应进行抽槽改土、测土配方施肥、埋入大量绿肥和一定量的石灰等改良工作。

四 光照

多数狝猴桃种类喜半阴环境,喜阳光但对强光照射比较敏感,属中等喜光性果树。通常要求年日照时间为 1 300~2 600 小时,喜漫射光,忌强光直射,结果株要求一定的光照,自然光照强度以 42%~45%为宜。

光对狝猴桃的作用是由光照强度、日照时数等综合因子影响形成的。狝猴桃不同树龄时期,对光照条件的需求不一样,随着树龄的变化而变化。幼苗期喜阴、凉,最怕高温强光直射,需适当搭棚遮阴,尤其是新移植的幼苗更需遮阴。成年结果树需要良好的光照条件才能保证生长和结果的需要,才能形成花芽,开花结果,光照不足则易造成枝条生长不充实、果实发育不良等。但过度的强光对狝猴桃生长也不利,常导致果实日灼

等,有的年份日灼果达 70%、落叶 50%~70%。因此,在年日照 1 900 小时以上的山区,光照就可以满足猕猴桃生长发育与开花结果的需要。光照充足、通风透光好、生态和植被良好的地方,最适宜选为猕猴桃商品化栽培地。

五 霜

猕猴桃在无霜或少霜地区生长结果正常。在有霜地区,晚秋的早霜和早春的晚霜都会影响其生长发育。晚霜会使刚刚萌发的嫩叶、新梢和花器官受害,早霜影响果实成熟、品质和风味。因此在低温、有霜害的地区,应采取防寒措施。据文献介绍,北京、河北秦皇岛市、山西省平陆县等从河南引种的中华猕猴桃经过防寒栽培都已开花结果。

六 风

猕猴桃应选择背风处栽植。凡是冲风口、山脊和山顶风大的地方,少有猕猴桃分布。即使有猕猴桃生长,也不能进行经济栽培。大风、强风常折断嫩枝,撕碎叶片,果实因摩擦碰撞而形成黑色凹陷伤痕,降低商品价值。冬春的干冷风,易使猕猴桃成活接芽干瘪死亡、枝条干枯;春夏的干热风,常使猕猴桃叶片枯萎凋落。因此,建园须选择背风的山坡地。在开阔地区,特别是有台风、强风袭击的地方建园应设置防风林,有条件的可建立防风网屏。

七 海拔高度

野生猕猴桃在海拔 600~800 米分布密集,150 米以下或 1 200 米以上自然植株很少。无论浅山或深山,在人们居住处附近因人为破坏较少有野生猕猴桃生长。高海拔地区的温湿度条件会影响猕猴桃年发育周期,比较明显地推迟萌芽、开花和果实成熟期。在低海拔地区或平地栽培猕猴桃,其萌芽、开花比高海拔地区早,生长期长。在安徽皖西大别山区,生长在海拔400~800米的猕猴桃,开花结果正常,果色好,品质优良。

八 坡向

猕猴桃在山区野生条件下,坡向对其生长发育有一定的影响。南坡日照强且时间长,春季解冻、融雪较早,萌芽早,易受晚霜危害;夏季温度高,蒸发量大,易遇干旱和遭受日灼。北坡气温较低,易遭霜冻。西向坡,往往在下午受到烈日照射(西晒)而使枝、叶、果焦灼。中华猕猴桃在自然因子综合作用下,一般在山区半阴坡自然分布多,树冠大,枝叶繁茂,生长结果好。因此,猕猴桃应栽在东南、东向缓坡地(15°以下)为宜。

九 植被

植被对猕猴桃生长、分布有很大影响。因为植被既能指示土壤类型,影响气象因素,调节气候,又是猕猴桃枝蔓缠绕的天然活棚架。野生中华猕猴桃和美味猕猴桃的分布区,山丘起伏,河谷纵横,溪水长流,植被密布,以暖温带和亚热带过渡地带的落叶、常绿阔叶混交林为主。伴生植物既有乔木,又有灌木和草本。据调查,最常见的伴生植物有马尾松、栓皮栎、麻栎、杉木、枫香、榉树等乔木,映山红、连翘、三叶木通(八月炸)、白鹃梅、胡枝子、杜鹃、山葡萄、葛藤、白蜡条、荆条等灌木,还有蕨类、金鸡菊、羊胡子草、野珠兰等草本植物,随着植被的演替,猕猴桃绝大多数生长在林中空地或林缘。在山区林中空地或林缘栽培猕猴桃,有利于生产安全健康果品。

第三章　猕猴桃优良品种

● 第一节　早熟品种

一　红阳

红阳是由四川省自然资源研究所和苍溪县农业局从自然实生群体后代选出的优良品种,为二倍体植株。果实长圆柱形兼倒卵形,中等偏小,平均单果重 68.8~92.5 克,果喙端凹,果皮绿色或绿褐色,茸毛柔软易脱落,皮薄。果肉黄绿色,果心白色,子房鲜红色,沿果心呈放射状红色条纹,果实横切面呈红、黄、绿相间的图案,具有特殊的刺激食欲和佐餐价值。可溶性固形物含量为 16.0%~19.6%,总糖含量为 8.97%~13.45%,有机酸含量为 0.11%~0.49%,维生素 C 含量为 1 358~2 500 毫克/千克,肉质细嫩,口感鲜美有香味。果实较耐贮藏,采后 10~15 天后熟。

植株树势较弱,萌芽率高达 85%,成枝率较弱,单花为主,结果枝多发生在结果母枝的第 1~10 节,果实着生在结果枝的第 1~5 节,每果枝结果 1~4 个,最多 5 个,平均 1.06 个,以短于 20 厘米长的短果枝结果为主,占 90%。成花容易,坐果率高,在授粉充足的情况下,可达 90%,早产丰产性强,定植后第 1 年 30%以上的植株就能开花结果,第 2 年全部结果,第 4 年进入盛产期,单产可达 15 吨/公顷。

红阳适宜在冷凉气候、湿度较大的中低海拔区域栽培,品种不抗夏季高温干旱,特别是果肉红色,易受夏季温度和湿度的影响。在夏季高温(7、8月月平均气温超过 27 ℃时)和干旱年份,果肉红色减退,甚至消失。要求年均气温为 13~16 ℃,夏季 7、8 月月平均气温在 27 ℃以下,年降水量 1 000~1 500 毫米,土壤要求偏酸性。适宜"T"形小棚架,适当加大种植密度,株行距为(2.0~2.5)米×(3.0~3.5)米。该品种在高温高湿条件下易感病,且树体抗药性较差,在防治病虫害时应慎重施用农药,避免遭受药害。在安徽大别山区,红阳 3 月中旬萌芽,4 月下旬开花,9 月中旬果实成熟。

二 金瑞

金瑞是由安徽省农业科学院园艺研究所选育的早熟黄肉中华猕猴桃,是从安徽大别山区采集的野生中华猕猴桃种子经实生播种选育而成的黄肉新品种。2016 年 12 月通过安徽省园艺学会园艺作物品种认定委员会认定。见图 3-1。

金瑞树势中庸,叶小而厚、纸质;果实近圆柱形,具突起果喙;果实长约 4 厘米,直径约 3 厘米,平均单果重约 83.4 克,大果可达 103.6 克;果实成熟期 9 月中下旬,果肉金黄色,味甜酸、质细;维生素 C 含量为 2 150

图 3-1　金瑞猕猴桃挂果状

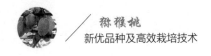

毫克/千克;可溶性固形物含量为18.6%,最高可达20.1%;可滴定酸含量为1.7%,果实适于鲜食。该品种适合在皖西大别山区及皖南山区栽培。3年生果园,12~15吨/公顷,盛果期22.5~27.0吨/公顷。

三 皖农金果

皖农金果是由安徽省农业科学院园艺研究所选育的黄肉抗溃疡病猕猴桃新品种。为皖金猕猴桃实生后代中选出的黄肉新品种。树势中庸,叶面平展,深绿,纸质,无毛;叶背浅绿,有黄褐色茸毛,稀而薄。果皮黄褐色,果面光滑,果底有短茸毛,果实近圆柱形,果喙突起;果实成熟后易脱落,果面光滑;果梗长2.2厘米,绿色或绿褐色、稀被浅黄色茸毛;果实直径约3厘米,长约4厘米,平均单果重104克,最大可达113.7克。成熟期果肉金黄色,果心小;种子多,椭圆形,紫红色;果实成熟期9月下旬,肉质细,味甜酸;维生素C含量为2 450毫克/千克;可溶性固形物含量为14.5%。果皮黄褐色,果面光滑,果底有短茸毛,果实近圆柱形。2022年1月通过安徽省园艺学会园艺作物品种认定委员会认定。见图3-2。

在安徽省农业科学院岗集果树资源圃,3月上旬花芽萌动,4月中旬初花,4月下旬盛花,果实9月下旬成熟,果实发育期150天左右,属早熟

图3-2　皖农金果挂果状

品种。11月上旬落叶,年营养生长天数 210 天左右。盛果期产量 23.85 吨/公顷。

(四) 金山 1 号

金山 1 号是由安徽省农业科学院园艺研究所选育的抗旱狝猴桃新品种,为黄山市屯溪区新潭镇东关行政村金山组的一株野生狝猴桃优系。该品种植株抗逆性好,植株耐旱,叶幕层厚(能有效防范果实日灼),夏季 37 ℃左右连续 3~5 天的高温环境,叶片未呈现明显的萎蔫现象。2021 年 12 月通过安徽省园艺学会园艺作物品种认定委员会认定。见图 3-3。

该品种果实多为卵形或椭圆形;果皮黄褐色,果点明显,果面有短茸毛;果实成熟后易脱落;梗端果肩圆形,萼片脱落;果梗长 2.8 厘米,绿色或绿褐色、稀被浅黄色茸毛。果实长约 5.6 厘米,直径约 4.3 厘米;果肉黄绿色,成熟后果肉亮黄色,果心小、圆形;果实早熟,成熟期 9 月上旬,味酸甜、质细;维生素 C 含量为 2 000 毫克/千克左右,可溶性固形物含量可达 19.4%,可滴定酸含量为 1.8%;果实适于鲜食,自然生长条件下平均单果重 92.5 克,最大可达 100.5 克。

图 3-3　金山 1 号丰产结果状

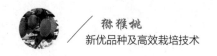

五 早鲜

早鲜(赣猕 1 号)是 1979 年由江西省农业科学院园艺研究所从奉新、修水两县交界处的野生群体中选育而成,其母株生长在海拔高度 630 米的地方,原代号为"F.T.79-5"。

早鲜果实圆柱形,整齐美观。果皮绿褐色或灰褐色,密被茸毛,茸毛不易脱落或脱落不完全。果实较大, 平均单果重 75.1~94.4 克, 最大果重 150.5 克。果肉绿黄或黄色,质细汁多,甜酸适口,风味浓,有清香。可溶性固形物含量为 12.0%~16.5%, 总糖含量为 7.02%~9.08%, 有机酸含量为 0.91%~1.25%,维生素 C 含量为 735~978 毫克/千克,果心小,种子较少,品质上等。果实较耐贮运,在江西室温下可存放 10~20 天,低温冷藏条件下可贮藏 4 个月,货架期 10 天左右。

早鲜植株长势强,萌芽率 51.7%~67.8%,成枝率 87.1%~100%,以短果枝和短缩果枝结果为主,花多单生,着生在果枝的第 1~9 节,坐果率 75%以上。嫁接苗定植第 3 年开始结果,第 4 年生树产量达 7.5 吨/公顷。该品种对土壤适应性较强,能在低山和平原地区栽培,但抗风性较差。抗旱能力较弱,有采前落果现象。

早鲜在栽培上注重园地选择,选择地下水位低(离地面 1.2 米以下)的地块建园,需栽种防风林采用大棚架增强抗风,夏季及时摘心和绑蔓,防止风害,摘除果实附近的叶片,防止果实受风害与叶片摩擦产生机械伤。定植密度 840 株/公顷,株行距 3 米×4 米。在华东地区,早鲜 3 月中旬萌芽,4 月中下旬开花,9 月上中旬成熟。

六 楚红

楚红是由湖南省园艺研究所于 1994—2004 年从野生自然居群中选

育出的优良株系。楚红果实长椭圆形或扁椭圆形,中等大小,平均单果重70~80克,最大单果重121克;果皮深绿色,果面无毛。果实近中央部分中轴周围呈艳丽的红色,横切面从外到内的色泽是绿色—红色—浅黄色,极为美观诱人。果肉细嫩,风味浓甜可口,可溶性固形物含量平均为16.5%,最高可达21%,含酸量较低,为1.47%,香气浓郁,品质上等。果实贮藏性一般,常温下贮藏7~10天即开始软熟,15天左右开始衰败变质。生产上宜采用冷藏,在低温冷藏条件下可贮藏3个月以上。

楚红植株生长势较强,萌芽率为55%,成枝率95%以上,花为单花,少数聚伞花序,结果枝率为85%左右,果实着生在结果枝的第2~10节,每枝结果枝坐果3~8个,平均坐果6个,坐果率在95%以上。开始结果早,丰产稳产,嫁接苗定植后第2年结果,第3年平均株产18千克,第4年平均株产32千克。

楚红宜选择夏季冷凉(7—8月的月平均气温在27 ℃以内)、湿度较大的区域栽培。宜采用"T"形架或大棚架,单主干双主蔓树形,冬季修剪时应选留直径1厘米以上的健壮枝作为结果母蔓,并适当短剪20%~40%,同时对多年生结果母蔓回缩更新。在华东地区,楚红2月上中旬进入伤流期,3月中旬萌芽,4月底至5月初开花,9月下旬果实成熟。

（七）翠香

翠香原名西猕9号,是由西安市猕猴桃研究所和周至县农技试验站于1998年开展野生猕猴桃资源调查时,在原就峪乡(今楼观镇)山沟南向坡发现的优株。翠香果实卵形,果喙端较尖,整齐,果个中等,平均单果重92克,最大果重130克;果皮较厚,黄褐色,难剥离,稀被黄褐色硬短茸毛,易脱落;果肉翠绿色,质细多汁,甜酸爽口,有芳香味,品质上;果心细柱状,白色可食。可溶性固形物含量为8.07%~11.57%,总糖含量为3.34%,

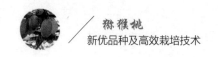
总酸含量为 1.17%,维生素 C 含量为 990~1850 毫克/千克。成熟采收的果实在室温条件下后熟期 12~15 天,0 ℃条件下可贮藏 3~4 个月。

该品种生长势强,萌芽率 60%~70%,成枝率 55%~60%,结果枝率 80%以上。以中果枝结果为主,占 60%;长、短果枝结果各占 20%。结果枝从基部第 2~3 节始花结果,花单生,一般有 3~6 朵花。该品种早果性较强,丰产性好,苗木定植后第 3 年始花结果,第 4 年产量 10 吨/公顷,盛果期产量 22.0~25.2 吨/公顷。为了确保果品质量,单产宜控制在 22.5~30.0 吨/公顷。

在陕西周至县,翠香 2 月下旬伤流开始,3 月中旬萌芽,4 月下旬至 5 月上旬开花,9 月上旬果实成熟。品种适应性广,抗寒,抗日灼,较抗溃疡病。翠香通常采用株行距 3 米×(3~4)米栽植,选择"T"形架,采取单主干上架,双主蔓整形。低温阴雨天需人工授粉,疏果控产。

八 武植 3 号

武植 3 号是由中国科学院武汉植物园选自 1981—1982 年全国野生猕猴桃资源调查中的优株,母株为 1981 年选自江西武宁县的野生自然居群。武植 3 号为四倍体,果实大,椭圆形,果皮薄,暗绿色,果面茸毛稀少,果顶、果基部位平整。平均单果重 80~90 克,最大单果重 156 克。果肉绿色,肉质细腻,质细汁多,味浓而具清香,果心小,维生素 C 含量为 2 750~3 000 毫克/千克,总酸含量为 0.9%~1.5%,可溶性固形物含量为 12.0%~15.2%,总糖含量为 6.4%,品质上等。该品种耐热适应性强,在我国南缘猕猴桃栽培区的广东和平县表现良好,平均单果重 106~115 克,果实可溶性固形物含量为 15%~17%,总糖含量为 8.4%~8.9%,有机酸含量为 0.8%~0.9%,维生素 C 含量为 1 250~1 760 毫克/千克。

该品种树势强壮,花为聚伞花序,适应性强,易成形,结果早,果实着生在结果枝 1~8 节,平均每果枝坐果 5~6 个,丰产稳产,结果枝率为

69%~95%。嫁接苗定植后第 2 年开始结果,单株产量 4.5 千克,第 3 年平均株产 12.5 千克,第 5 年进入盛果期,产量高达 33 吨/公顷,且连年高产。武植 3 号抗病虫性好,抗旱性强,在连续干旱缺水的条件下,也很少见到叶片焦枯脱落情况,是一个综合性状好的优良品种。在海拔 600~1 000 米的地区种植,果皮变厚,果实耐贮性好,风味更佳,果实增大,表现更好。

武植 3 号适宜栽培区域广,宜以"T"形架或大棚架栽培,培养为"一干两蔓多侧蔓"标准树形,冬季适当重度修剪,及时更新复壮。授粉品种建议采用磨山 4 号,雌、雄株比例为(5~8):1,种植密度株行距 3 米×4 米,840 株/公顷。在湖北武汉,武植 3 号 3 月中旬萌芽,4 月底至 5 月上旬开花,9 月下旬果实成熟,12 月落叶。

九 金香

金香是由陕西省眉县园艺站与陕西省果树研究所、陕西海洋果业食品有限公司等单位 1995 年从苗圃实生苗中偶然发现的优株。金香果实椭圆形,果形美观整齐,大小一致,梗洼浅,果顶凹陷,果皮黄褐色,被金黄色短茸毛。平均单果重 90 克,最大单果重 116 克,果肉绿色,细腻,汁多,风味酸甜,清香可口,含糖量高,可溶性固形物含量为 14.3%~14.6%,总糖含量为 9.27%~12.30%,维生素 C 含量为 713.4 毫克/千克。果实耐贮藏,货架期长,常温下可贮藏 20 天以上,低温下(4℃)果实可存放 5 个月。

金香植株树势强健,萌芽率 71.3%~77.2%,成枝率 85.6%~91.4%;结果枝率 89.2%~92.3%,以中果枝结果为主,中果枝占总果枝 58.2%~62.5%;着果部位 3~8 节,单花率 80.5%。

该品种植株适应性强,抗黄化能力优于秦美,枝条抗溃疡病能力优于秦美和海沃德。适宜在长江以北猕猴桃生产区栽培发展。金香适宜采用

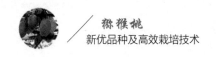

"T"形棚架或大棚架,通常采用秦美201和秦美401作授粉树,雌、雄株比例为(5~8):1,花期需要放蜂或人工辅助授粉,提高坐果率。在陕西省眉县,金香3月中旬萌芽,5月上中旬开花,果实9月中旬成熟。

▶ 第二节 中熟品种

一 徐香

徐香是由江苏徐州市果园场1975年从中国科学院北京植物园引入的美味猕猴桃实生苗中选出。徐香果实圆柱形,果形整齐,平均单果重60~70克,最大果重137克。果皮黄绿色,被黄褐色茸毛,梗洼平齐,果顶微突,果皮薄易剥离。果肉绿色,汁液多,肉质细嫩,具草莓等多种果香味,酸甜适口,可溶性固形物含量为13.3%~19.8%,维生素C含量为994~1 230毫克/千克,总酸含量为1.34%,总糖含量为12.1%,室温下可存放30天左右。

该品种树势较强,花单生或三花聚伞花序,以短果枝结果为主。始果早,二年生植株开花株率达68%,四年生树产量20.25吨/公顷。徐香在江苏北部、上海郊县、山东、河南等黄淮地区引种栽培,表现良好,适应性强,在碱性土壤条件下,叶片黄化和叶缘焦枯较少。

徐香的栽培架势以"T"形小棚架最适宜,采用单干树形。由于该品种坐果率高,丰产稳产,进入盛果期后要适当疏花、疏蕾、疏果、控制产量,以保证优质丰产稳产。适宜的授粉品种为徐州75-8。在华东地区,徐香3月上中旬萌芽,4月下旬至5月初开花,花期7天左右,10月下旬果实成熟。

二 金桃

金桃是由中国科学院武汉植物园于 1981 年在江西武宁县发现的野生中华猕猴桃优良株系武植 81-1 中选出的变异单系。金桃为四倍体,果实长圆柱形,大小均匀,平均单果重 90 克,最大果重 160 克,果皮黄褐色,成熟时果面光洁无毛,果喙端稍凸,外观漂亮。采收时,果肉为黄绿色,随着后熟转为金黄色,果心小而软。果肉质地脆,多汁,酸甜适中。可溶性固形物含量为 15.0%~18.0%,总糖含量为 7.80%~9.71%,有机酸含量为 1.19%~1.69%,维生素 C 含量为 1 800~2 460 毫克/千克,品质上等。果实耐贮藏,采收后熟需要 25 天,而且贮藏中维生素 C 损失少。

金桃树势中庸,枝条萌发力强,萌芽率约 53.6%,成枝率 92.0%,果枝率 66.57%~95.00%;花多为单生,着生在结果枝基部的第 1~7 节上,以短果枝和中果枝结果为主,平均每果枝结果 8 个,坐果率高达 95%。该品种结果早,丰产稳产。在正常管理下,嫁接后第 2 年开始试果,到第 5 年进入盛果期,单产 45~60 吨/公顷。金桃在中国南方省份表现耐热,而在海拔 800~1 000 米的地方表现更好,如皮增厚,可溶性固形物、糖分与维生素 C 含量增加,贮藏性能和风味更佳,观察结果表明,金桃果皮可从 50 微米增厚到 72 微米,可溶性固形物含量达 21.5%。

金桃适宜在海拔 400~1 200 米的丘陵、山地种植,宜在坡度 10°~15°的丘陵、山地建园。架势以大棚架或"T"形棚架为宜,冬季重度修剪,及时更新复壮。保持土壤湿润,忌忽干忽湿,以防裂果。授粉品种磨山 4 号,雌、雄株比例为(5~8):1,种植密度为 840 株/公顷。在湖北武汉,金桃 3 月上中旬萌芽,4 月下旬至 5 月初开花,9 月中下旬果实成熟。

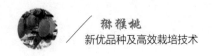

三 金艳

金艳是由 1984 年中国科学院武汉植物园利用毛花猕猴桃和中华猕猴桃进行种间杂交选育而成。其母本是毛花猕猴桃,以混合的中华猕猴桃花粉添加限量的母本花粉作父本。金艳为四倍体,果实长圆柱形,果顶微凹,果蒂平,果大而均匀,平均单果重 101~110 克,最大果重 175 克。果皮黄褐色,密生短茸毛,果皮厚,果点细密,红褐色,果肉黄色,质细多汁,味香甜,维生素 C 含量为 1 055 毫克/千克,总酸含量为 0.86%,总糖含量为 8.55%,可溶性固形物含量为 14.2%~16.0%,最高达 19.8%,果实硬度大(18~20.9 千克/厘米²),耐贮性好,常温下果实后熟需要 42 天,且果实软熟后的货架期长,常温下可放 15~20 天,低温(0~2 ℃)下贮藏 4~5 个月,硬果在低温(2 ℃左右)下贮藏 6~8 个月,常温下贮藏 3 个月好果率仍有 90%,果实的综合商品性能佳。

金艳结果早,嫁接苗定植第 2 年开始挂果,在高标准建园的情况下,第 3 年可达到单产 15 吨/公顷,第 4 年进入盛果期,单产 37.5 吨/公顷。金艳适宜在海拔 400~1 000 米的丘陵、山地种植,宜在坡度 10°~15°的丘陵、山地建园。架势以大棚架或"T"形棚架为宜,培养为"一干两蔓多侧蔓"标准树形。因花为聚伞花序,花量大,花期需加强疏蕾;开花前疏除所有侧花蕾,保留正常主花蕾,坐果后及早疏果。冬季对弱结果母枝需及时回缩更新复壮。授粉品种磨山 4 号,雌、雄株比例为(5~8):1,种植密度840 株/公顷。此外,在花期阴雨天气,注意加强花腐病的预防和治疗。在湖北武汉,金艳 3 月上旬萌芽,4 月底初花,10 月底至 11 月上旬果实成熟。

四 华优

华优是由陕西省周至县马召镇居民贺炳荣联合陕西省农村科技开发

中心等多家单位选育而成。华优果实椭圆形，平均单果重 80~110 克，果皮褐色或黄褐色，茸毛稀少、细小；果皮较厚，较难剥离，果心细，柱状，乳白色；果肉黄色或黄绿色，肉质细，汁液多，香气浓，风味甜，品质好；可溶性固形物含量为 17.36%，总酸含量为 1.06%，维生素 C 含量为 1 618 毫克/千克，果实硬度 13.7 千克/厘米²。果实在室温下，后熟期 15~20 天，货架期 30 天左右，在 0 ℃条件下可贮藏 5 个月左右。

该品种在陕西秦岭北麓及关中平原猕猴桃产区生长较旺盛，树势强健，萌芽率 85.7%，每个花序有 3 朵花或单花，花枝率 80.0%，以中长果枝结果为主，从基部第 2~3 节开始开花坐果，每枝果枝结果 3~5 个，在良好授粉条件下，坐果率可达 95.0%，第 5 年进入盛果期，单产 30 吨/公顷以上。抗性强，抗溃疡病能力较强。

华优适配雄株为秦雄 401，雌、雄株配置比例为 8:1，定植密度为 840~1 334 株/公顷，株行距 (2.5~3.0) 米×(3~4) 米。须疏果，谢花后 10 天第 1 次疏果，谢花后 30~40 天第 2 次疏果。适宜大棚架或"T"形小棚架栽培。在陕西，华优 3 月中旬萌芽，4 月下旬至 5 月上旬开花，10 月中旬果实成熟。

五）贵长

贵长是 1982 年贵州省果树研究所在贵州紫云县野生资源调查时发现的优株，因果实细长而得名。贵长果实长圆柱形，果皮褐色，有灰褐色较长的糙毛，平均单果重 84.9 克，最大果重 120 克，果喙端椭圆形凸起，果柄长 2.6 厘米。果肉淡绿色，肉质细、脆，汁液较多，甜酸适度，清香可口，可溶性固形物含量为 12.4%~16.0%，总酸含量为 1.45%，维生素 C 含量为 1 134.3 毫克/千克，品质优，是鲜食与加工兼用品种。

贵长结果早，丰产性能好，嫁接在五年生砧木上，第 2 年即可结果，平均株产 5.6 千克，最高株产 7.5 千克；嫁接苗定植后第 3 年部分结果，第 5

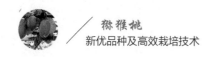

年进入盛果期。抗逆性强,抗缺素症(黄化病)强;抗病虫性均较强;抗低温、干旱和裂果。贵长适应性强,在海拔800~1 500米的范围,无论平地、山地和坡地栽植生长结果均良好。株行距为2.5米×3.0米,每亩定植88株,雌、雄比例为(8~10):1。采用单壁篱架,树形采用扇形,冬季主要剪去过密的蔓、交叉蔓和重叠蔓,回缩保留结果蔓或营养蔓,夏季主要是抹芽和摘心,疏除过密的营养枝,保证内膛通风透光。在黔北地区,3月中旬萌芽,4月下旬至5月上旬开花,9月下旬至10月上旬果实成熟(可溶性固形物含量达12.0%为标准)。

六 翠玉

翠玉是由湖南省农业科学院园艺研究所从溆浦县龙庄湾山区野生猕猴桃群体中选育而成,2001年通过湖南省农作物品种审定委员会审定。翠玉果实倒卵形,平均单果重85~95克,最大单果重129克,果皮绿褐色,成熟时果面光滑无毛。果肉绿色,果肉致密,细嫩多汁,风味浓甜,可溶性固形物含量达17.3%,最高可达19.5%;果肉营养丰富,富含维生素C,含量为930~1 430毫克/千克,品质上等。果实耐贮藏,常温下(25℃左右)在不经任何处理的情况下可贮藏30天以上,低温下(4℃)可贮藏4~6个月。

该品种植株树势较强,萌芽率为79.8%~82.6%,成枝率100%。花多为单花,少数聚伞花序,成花能力强,果枝率95%以上,结果早,以中、短果枝结果为主,果实一般着生于果枝基部第2~6节,坐果率在95%以上,结果枝平均坐果数3.5~4.6个,丰产性好,定植第2年普遍开花结果,盛产期株产可达35千克,且抗逆性强,抗高温干旱、抗风力均强。

翠玉适宜在海拔400~1 200米的丘陵、山地种植,宜在坡度10°~15°的丘陵、山地建园。架势以大棚架或"T"形棚架为宜,冬季适当重度修剪,多保留直径 1 厘米以上的中庸结果蔓，对多年生结果母蔓及时回缩更新。授粉品种磨山 4 号，雌、雄株比例为（5~8）:1，种植密度株行距3米×（3~4）米。在湖南省，翠玉 3 月中旬萌芽，4 月底至 5 月初开花，10月中下旬果实成熟。

七 魁蜜

魁蜜是由江西省农业科学院园艺研究所 1979 年选自江西省奉新县澡洒乡荒田窝的优良单株。魁蜜果实扁圆形，平均单果重 92.2~106.2克，最大果重 183.3 克；果肉黄色或绿黄色，质细多汁，酸甜或甜，风味清香，可溶性固形物含量为 12.4%~16.7%，总糖含量为 6.09%~12.08%，有机酸含量为 0.77%~1.49%，维生素 C 含量为 1 195~1 478 毫克/千克，品质优。果实耐贮性较差，货架期短。

该品种植株生长势中等，萌芽率 40.0%~65.4%，成枝率 82.5%~100%，花多单生，着生在果枝的第 1~9 节，多数为第 1~4 节，结果枝率 53.0%~98.9%，以短果枝和短缩果枝结果为主，平均每果枝坐果 3.63 个，坐果率 95%以上，栽后 2~3 年开始结果，丰产稳产，四年生单产达 9 吨/公顷。

魁蜜在海拔较高和低丘、平原地区均可种植，抗风、抗虫及抗高温干旱能力较强，对土壤要求不严格，耐粗放管理，以中短果枝结果为主，适宜密植和乔化栽培。但由于果实耐贮性较差，不宜在交通不便又无良好贮藏条件的山区大面积栽培。在华东地区，魁蜜 3 月中旬萌芽，4 月下旬开花，10月上中旬果实成熟。

八 金丰

金丰是 1979 年由江西省农业科学院园艺研究所在江西省奉新县石溪乡红头山获得的优株，1985 年鉴定命名为金丰，后经进一步的选育和

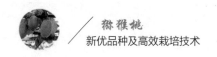
中试,于 1992 年通过江西省级品种审定,更名为赣猕 3 号。金丰为四倍体,果实椭圆形,整齐一致。果皮黄褐色至深褐色,密被短茸毛,茸毛易脱落。平均单果重 81.8~107.3 克,最大果重 163 克。果肉黄色,质细汁多,甜酸适口,微香,可溶性固形物含量为 10.5%~15.0%,总糖含量为 4.92%~10.64%,总酸含量为 1.06%~1.65%,维生素 C 含量为 895~1 034 毫克/千克。果心较小或中等,品质中上。果实较耐贮运,室温下可存放 40 天。

该品种植株长势强,萌芽率 49.4%~67.0%,成枝率 88.0%~100.0%,结果枝率 90.1%~93.5%,平均每果枝坐果 3.7 个,花单生及聚伞花序兼有,坐果率 89.3%~92.9%,以中、长果枝结果为主,果枝连续结果能力强,始果早,嫁接苗定植第 2~3 年开始结果,四年生树株产 24 千克。抗风、耐高温干旱能力很强,适应性广,是较好的制汁、鲜食兼用的良种。

金丰在海拔较高和低丘平原地区均可栽培,海拔较高处果实品质更优。宜采用大棚架或"T"形棚架,授粉品种是磨山 4 号,冬季适当重度修剪。在武汉地区金丰 3 月上旬萌芽,4 月下旬开花,10 月中下旬果实成熟。

九 华美 2 号

华美 2 号是由河南省西峡猕猴桃研究所从西峡县米坪乡石门村野生群体中选育而成。华美 2 号果实长圆锥形,黄褐色,密被黄棕色硬毛,果实大,平均单果重 112 克,最大果重 205 克。果肉黄绿色,肉质细,果心小,汁液多,酸甜适口,富有芳香味。可溶性固形物含量为 9.5%~14.6%,总糖含量为 6.90%~8.88%,总酸含量为 1.73%,维生素 C 含量为 1 652.3 毫克/千克,果实耐贮藏,果实在常温下可存放 30 天。

该品种植株生长势强,花单生或聚伞花序;成花容易,结果早,嫁接第 2 年开花结果,以中长果枝结果为主,结果部位在第 1~3 节,每结果枝一般坐果 2~6 个,结果母枝萌发率、成枝率高,丰产稳产。抗旱性、抗病性均

强,多雨季节无早期落叶,干旱季节极少发生萎蔫现象。华美2号采用株行距(2~3)米×4米栽植,以大棚架为宜,雌、雄株比例为8:1。在河南西峡县,华美2号3月上旬树液开始流动,3月下旬萌芽,5月上旬开花,9月底果实成熟采收。

▶ 第三节 晚熟品种

一 海沃德

海沃德是1904年由新西兰从我国湖北省宜昌引进的野生美味狝猴桃通过实生选种育成的品种。海沃德于1980年引进国内种植,现已成为我国商业栽培面积最大的主栽品种。

海沃德果实椭圆形,个大,最大单果重165克,平均单果重80~110克,果实横切面圆形或椭圆形,果实外形美观端正,果肩圆,果喙端平,果皮绿褐色,密被褐色长硬毛,难于脱落,果肉绿色,果心(中轴)较大,绿白色,肉汁多甜酸,可溶性固形物含量为12%~18%,总糖含量为9.8%,总酸含量为1.0%~1.6%,维生素C含量为480~1 200毫克/千克,果肉尚未完全软化也可食用,味稍淡,但香气浓,极耐贮藏且货价期长,果实后熟期长,耐贮藏运输,室温下可贮藏30天左右;低温下(1.5~2.5)℃,可贮藏6~8个月。

该品种长势旺盛,结果晚,嫁接苗要到定植后第3年开花结果,一般开花株率52%,五年生树平均13.5吨/公顷,盛果期产量为22.5~30吨/公顷。

海沃德在国外主要采用大棚架和"T"形棚架,架高1.8米左右,株行距(4.8~5.0)米×(5.5~6.0)米,树形为单主干双主蔓树形,单干上架,结果母枝呈鱼骨形排列。在华东地区海沃德3月中旬萌芽,4月中旬展叶,5

月上旬开花,花期 7 天左右,10 月中旬果实成熟。

二 布鲁诺

布鲁诺于新西兰选育,种源来自 1904 年新西兰从中国湖北宜昌引种的野生猕猴桃种子产生的实生苗。1980 年,该品种引进中国,在浙江种植表现耐粗放管理,果实耐贮而逐渐成为当地主栽品种。布鲁诺果实长椭圆形或长圆柱形,平均单果重 90~100 克,果皮褐色,密被暗褐色刚毛,容易脱落,果肩圆,果喙端平,果实横切面椭圆形,果肉绿色,果心中等,汁多,味甜酸,可溶性固形物含量为 14.5%~19.0%,维生素 C 含量为 1 660 毫克/千克,果实耐贮,货架期长,该品种最适于做糖水切片罐头,切片利用率高,美观。

该品种植株生长势强,花多为单生,丰产性强,盛产期单产达 30 吨/公顷,适应性广,栽培容易。布鲁诺定植株行距 4 米×4 米,雌、雄比例为8:1,多采用"T"形棚架,干高 1.7~1.8 米。当新梢长到离架面 15 厘米时摘心,从 2 次梢中选留 2 枝培养成主蔓,在主蔓上每隔 40~50 厘米留 1 个结果母枝,结果母枝上每隔 30 厘米配置 1 个结果枝。在华东地区,3 月中下旬萌芽,4 月底至 5 月上旬开花,10 月下旬果实成熟。

三 秦美

秦美是由陕西省果树研究所和周至县猕猴桃试验站联合选出。秦美果实椭圆形,平均单果重 100 克,最大单果重 115 克,果皮绿褐色,较粗糙,果点密,柔毛细而多,容易脱落,萼片宿存,果肉淡绿色,质地细,汁多,味香,酸甜可口,可溶性固形物含量为 14%~17%,总糖含量为 11.18%,有机酸含量为 1.6%,维生素 C 含量为 1 900~2 429 毫克/千克,耐贮性中等,常温条件下可存放 15~20 天。

秦美植株生长势较强,萌芽率在 60%~70%,成枝率 29%。长、中、短果枝分别占 21.1%、36.8%、42.1%,以短果枝结果为主,结果枝在结果母枝的第 3~5 节,具有 2~3 年的连续结果能力,一般每果枝出现 1~3 朵雌花,高的达 5 朵花。果实着生在结果枝的第 2~6 节,丰产稳产,一般管理水平下,嫁接苗定植后第 2 年开花株率 68%,三年生嫁接树株产 10 千克,最高株产 50 千克,四年生树单产达 22.5 吨/公顷,六年生树达盛果期,单产达45 吨/公顷。

秦美适应性和抗逆性均强,抗旱性中等,抗寒性较强,适应陕西秦岭以南及类似区域推广。适宜大棚架栽培,株行距应在 4 米×5 米或 5 米×5米以上;加强夏季修剪,及时绑蔓摘心,并疏除过密的徒长枝和纤细枝;冬季注意结果枝的修剪、更新;果实生长期要及时早疏果。在华东地区,秦美 3 月中旬萌芽,4 月中旬展叶,4 月下旬至 5 月初开花,花期 3~5 天,9 月中旬果实成熟。

(四) 米良1号

米良 1 号是由湖南吉首大学选育而成,来源于 1983 年 10 月在湖南省凤凰县米良乡发现的优株。米良 1 号果实较大,平均单果重 86.7 克,最大果重 170.5 克,果实长圆柱形,美观整齐,果皮棕褐色,被长茸毛,果喙端呈乳头状突起;果肉黄绿色,汁液多,酸甜适度,风味纯正具清香,品质上等,可溶性固形物含量为 15%~19%,总糖含量为 7.4%,维生素C 含量为2070 毫克/千克,有机酸含量为 1.25%。果实在室温下可贮藏 20~30 天,耐贮性强。武汉植物园栽培评价显示,米良 1 号平均单果重 79.4 克,软熟(硬度 2.31 千克/厘米²)果实可溶性固形物含量为 16.04%, 总糖含量为9.55%,总酸含量为 1.41%,固酸比为 11.38,维生素 C 含量为 1 411.1 毫克/千克,果肉绿色。

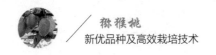

米良 1 号植株生长势旺,萌芽率 78% 左右,成枝率 98.7%~100%,果枝率 90%~100%,花单生或序生,成花容易,结果早,在雄株充足的情况下,自然授粉坐果率 90% 以上,丰产稳产,栽植第 2 年普遍挂果,第 5 年产量 24 吨/公顷。病虫害少,表现了抗逆性强的特点,适宜栽培地区广泛。不同立地条件试栽,表现了高产稳产、果形美观整齐、较耐贮藏等优点,是比较受欢迎的优良品系,已在全国试种推广。

最适于在海拔 300~900 米的区域栽种,种植密度以株行距 3 米×4 米或 3.5 米×4.0 米。因该品种坐果率高,应特别注意疏花疏果。配套雄株帮增 1 号,雌、雄比例为 (5~8):1。早期修剪宜轻剪长放。在湖南长沙,米良 1 号 3 月上旬萌芽,4 月下旬开花,10 月下旬果实成熟。

五 金魁

金魁(鄂猕猴桃 1 号)是由湖北省农业科学院果树茶叶研究所猕猴桃课题组从野生美味猕猴桃优选单株竹溪 2 号的实生后代群体中选育而成。金魁果实大,平均单果重 80~103 克,最大果重 172 克,果实阔椭圆形,果面黄褐色,茸毛中等密,棕褐色,果喙端平,果蒂部微凹,果肉翠绿色,汁液多,风味特浓,酸甜适中,具清香,果心较小,果实品质极佳,可溶性固形物含量为 18.5%~21.5%,最高达 25%,总糖含量为 13.24%,有机酸含量为 1.64%,维生素 C 含量为 1 200~2 430 毫克/千克,果实耐贮性强,室温下可贮藏 40 天。

该品种树势生长健壮,萌芽率 32.0%~69.2%,成枝率 88%~100%,结果枝率 78.8%,结果枝主要从结果母枝的第 2~14 节抽生,每枝结果母枝可抽生 2~4 枝结果枝,每枝结果枝可坐果 2~4 个,且多以单果着生。始果早,嫁接苗栽植后第 2 年开始结果,在一般管理条件下,第 3 年平均产量可达 18 吨/公顷,而在湖北江汉平原肥沃土壤上种植三年生树产量可达

28.5 吨/公顷。

金魁适应性强,在亚高山(海拔 400~1 000 米)、丘陵、平原地均可种植,尤其以亚高山地区表现良好。株行距(3~4)米×(4~5)米,适宜于大棚架。生长季节(5—6 月)新梢留 8~12 叶摘心,冬剪时选留粗壮结果母枝,留 13~15 芽短截,生长中庸的结果母枝可留 8~11 芽短剪。在湖北武汉,3 月上旬萌芽,4 月底至 5 月上旬开花,10 月底至 11 月上旬果实成熟。

▶ 第四节　雄性授粉品种

一　汤姆利

汤姆利是由新西兰哈洛德·麦特和费莱契在 1950 年初从堤普克地区的果园里选出来的,是海沃德的主要授粉品种。汤姆利花期较晚,花量大,每枝开花母枝有 44 朵花,花梗极短,每花序 3~5 朵花,每朵花含花粉粒 100 万~150 万,花粉发芽率 62%,花期集中,5~10 天,一般 5 月中下旬开花,主要用作海沃德等晚花品种的授粉品种。

二　马图阿

马图阿是 1950 年由哈洛德等与汤姆利同期选育而成,生产中大多采用其作为授粉品种。马图阿始花早,定植第 2 年即可开花。花期早,花量大,每枝开花母枝有 157.7 朵花,花粉量大,花粉发芽率 64%,花期很长,15~20 天,用作早、中花期品种的授粉品种,但树势稍弱。

三　磨山 4 号

1984 年以来,中国科学院武汉植物研究所从江西武宁县野生猕猴桃

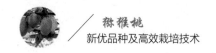
群体中初步筛选了磨山 4 号、磨山 5 号、82–12、804 和 82–5 共 5 株雄株，其中以磨山 4 号表现最好。磨山 4 号为四倍体，株型紧凑，节间短（1~5 厘米），长势中等，一年生枝棕褐色，皮孔突起，较密集，叶片肥厚，叶色浓绿富有光泽，半革质，叶形近似卵形，叶尖端较突出，基部心形，叶片较小，平均长 8.5 厘米、宽 8.7 厘米。花为多聚伞花序，每个花序 4~5 朵小花，而普通中华猕猴桃雄花为聚伞花序，2~3 朵花。花期长达 21 天，比其他雄性品种花期长 7~10 天，花期可以涵盖园区所有中华猕猴桃四倍体雌性品种（系）和早花的美味六倍体雌性品种的花期。花萼 6 片，花瓣 6~10 片，花径较大（4.0~4.3 厘米），花药黄色，平均每朵花的花药数 59.5，花药的平均花粉量 40 100 粒，可育花粉 189.3 万粒，发芽率 75%。初步研究表明，其作为授粉树可提高果实品质及维生素 C 的含量。

磨山 4 号的栽培重视花后复剪，即在冬季以轻剪为主，主要剪除病虫枝、枯枝、卷曲枝、无饱满芽的徒长枝，保留所有强壮枝；花后立即重短截，减少占据空间，同时促发健壮新梢作下年开花母枝。

第四章　育苗与建园

▶ 第一节　育　苗

　　苗木繁殖是猕猴桃优质丰产栽培的重要基础与技术环节,苗木质量的好坏直接影响猕猴桃结果及其产量、品质和经济寿命。自 1978 年以来,我国在借鉴新西兰猕猴桃产业苗木繁殖相关技术的基础上,针对我国特定的气候及栽培区域环境条件开展了猕猴桃繁殖方法的试验研究,并随着产业的迅速发展,建立了猕猴桃商品苗圃,不断研究和改进育苗方法和技术,满足了产业化发展中优质苗木的需求。

一　实生苗培育

(一)种子采集

　　种子采集是育苗成功的基础,选择充分成熟的果实取种,清洗出的种子放在室内摊薄晾干,然后用塑料袋封装后放入 10 ℃以下低温冰箱贮藏备用。

(二)种子处理

　　猕猴桃成熟种子有休眠期,处在该时期的种子,即使温度、水分、空气等条件都已具备也不会发芽。必须创造适宜的外界条件,让种子度过休眠期,才能提高种子的发芽率和发芽整齐度。打破种子休眠主要用沙藏

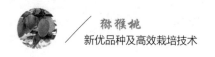

层积和变温处理两种方法,其次是用激素处理。

1.沙藏层积

将阴干的种子与 5~10 倍的湿润清洁消毒过的细河沙拌匀,细河沙湿度以用手捏能成团、松开团能散为宜,沙的含水量约为 20%,然后将混匀好的种子用纤维袋(或木箱)装好,埋在室外地势高、干燥的庇荫处,并用稻草和塑料膜等覆盖,既防止雨雪侵袭又保证通透性,防止种子发霉腐烂。拌沙前种子用温水(开水和凉水的比例为 2:1)浸泡 1~2 天,效果更好。沙藏时间以 40~60 天最好,应不少于 30 天。

2.变温处理

将种子放在 4.4 ℃条件下 6~8 周,可以显著提高种子发芽率;或将种子放在 4.4 ℃条件下 2 周以上,再进行变温处理,夜间 10 ℃、白天 20 ℃;或将种子贮藏于塑料袋内,放在 4 ℃条件下 5 周,然后再经 16 小时的 21 ℃和 8 小时的 10 ℃变温处理,能得到更高的发芽率。

3.激素处理

播种前用 2.5~5.0 克/升的赤霉素浸种 24 小时,亦可取得与变温处理同样的效果。

(三)苗圃建立与播种

选择背风向阳、灌排方便的地方建苗圃,以富含有机质、疏松肥沃、呈中性或微酸性的沙质壤土播种为宜。为达到提早出苗,可采用塑料大棚或温室于 12 月至次年 1 月播种,6 月中下旬即可达到嫁接粗度。

播种方法可采取条播或撒播。条播采用宽窄行;撒播是指将种子集中均匀撒在苗床上,出苗后达 3 片真叶即可移栽。

(四)苗期管理

播种后苗期管理是出苗率和苗木生长好坏的关键,特别是水分和遮阴的管理尤为重要;同时,需要及时清除杂草,保持苗木直立生长并及时

摘心。对于1月播种或采用大棚播种的幼苗，于当年6月中旬苗木可达到嫁接粗度，实现当年播种、当年嫁接、当年成苗的效果，即猕猴桃"三当"育苗技术。

二 嫁接苗培育

嫁接是猕猴桃商品生产、保持品种特性的常用繁殖方法。我国对猕猴桃的嫁接方法研究颇多，针对猕猴桃枝梢生长特性，进行了嫁接方法的多种改进，嫁接技术也日益完善。

（一）嫁接期与方法

我国在中华猕猴桃驯化的早期就开展了不同嫁接方法和时期的研究，逐步形成了劈接、舌接、切接、单芽枝腹接、皮下接、芽接等多种方法。除芽接仅在生长期使用外，其他方法除伤流期外，全年都可进行，春季伤流期之前是嫁接的最佳时期。

除春季可采取扬接外，其他均在圃内嫁接。扬接（相对常规圃内坐地嫁接，指掘起砧木于室内嫁接后再植于圃地），即在休眠期，提前将砧木挖出集中假植，在室内进行嫁接，比传统的室外坐地嫁接提高了嫁接速度和嫁接成活率。另外，提前将砧木挖出假植，推迟伤流期，可延长嫁接时间，且不受外界天气的影响，嫁接成活率可达95%。

不论采用何种方法嫁接，嫁接成活的关键在于4个字——快、准、紧、湿，即削刀要快，砧穗的接合部位形成层要对准，包扎要紧，伤口要密封，枝接时要留保护桩，保持接合部位的湿润和土壤的湿润。

（二）砧木选择

目前国内多采用中华猕猴桃和美味猕猴桃实生苗作砧木，且美味猕猴桃砧木嫁接植株长势旺，适应性较强。北方种植软枣时主要采用扦插苗或抗寒性强的软枣猕猴桃作砧木；用长叶猕猴桃作砧木嫁接中华猕猴

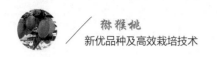

桃和美味猕猴桃品种,能进一步增强耐旱、抗病能力。研究表明,砧木"凯迈"可以提高海沃德品种的花芽量及产量;用大籽猕猴桃嫁接中华猕猴桃,有树体矮化的表现特性。猕猴桃砧木品种的研究和选育相对滞后于猕猴桃产业的发展,选育抗性更强的专用砧木如抗旱、耐湿的砧木或耐碱的砧木,是保障猕猴桃优质高产及扩大适栽区域的重要研发方向之一。

(三)嫁接苗的管理

嫁接后管理对接芽成活和生长发育有着直接的影响,除加强肥水管理外,应及时做好断砧、除萌、摘心、立支柱等各项工作。

三 扦插繁殖

(一)嫩枝扦插

嫩枝扦插也叫绿枝扦插,是指用当年生半木质化枝条作插条培育苗木的方法。嫩枝扦插主要在猕猴桃的生长期使用,一般在新梢半木质化后的 5—8 月期间进行。在避风、阴凉的地方建立插床,铺上干净细河沙或蛭石作基质。选择露水未干前采集插穗,粗度以直径 0.4~1.0 厘米为好,长度 10~15 厘米,有 2~3 个芽,剪好的枝条应置于阴凉避风场地或室内,扦插前用促进生根的生长调节剂处理基部切口。扦插时,插条入土深度为插条长的 2/3,密度以插下后插条叶片不相互遮盖为准。插好后,浇足水,使基质与插条紧贴。盖上遮阳网调整光照强度,保持整个环境通风,同时需要调整好插床的湿度,有条件的地方可采用自动喷雾装置,则生根效果更好。

(二)硬枝扦插

硬枝扦插是指利用一年生休眠期的枝条作插条培育苗木的方法。因木质化枝条组织老化,较难生根,特别是中华猕猴桃和美味猕猴桃,在刚

开始驯化利用时,国内认为几乎不能生根,而国外仅日本扦插成活,成活率为 66.7%。为了解决异地引种的问题,中国科学院武汉植物园针对难生根的原因开展了大量的试验,如插穗类型、处理插穗的药剂筛选、药剂的处理浓度及时间、插床的温度调节如加埋地热线升温等,选择最佳处理组合,使生根成活率达 90%。

四 组织培养

猕猴桃组织培养繁殖研究始于 20 世纪 70 年代,首次以猕猴桃茎段为材料,进行离体培养的研究。我国相继对猕猴桃不同器官如茎段、叶片、根段、顶芽、腋芽、花药、花粉、胚、胚乳进行了离体培养研究,并开展了组织培养技术有关基础理论及应用的研究。近年来,我国在猕猴桃转基因体系研究方面取得了一些进展,获得了不同器官的试管苗,利用种胚、下胚轴、子叶等培养愈伤组织分化苗,利用胚乳培养三倍体植株也获得了成功。对离体培养的猕猴桃茎段愈伤组织发生的组织学和形态发生学研究表明,愈伤组织起源于形成层和韧皮部,初生木质部也参与了愈伤组织形成。

意大利将扦插和组织培养相关技术集成,应用于商业化苗木繁殖,快速地为生产提供了大量优质苗木,即用组织培养产生大量幼小茎段为材料,用扦插繁殖的方法在棚内养苗,带钵移植,1 年上架分枝,主干粗 2 厘米,长势旺;第 2 年即可试果。

▶ 第二节 园地选择与规划

园地是生产的基础,是规模化生产、经营猕猴桃的必要条件。猕猴桃的园地选择必须在适宜的区域内,根据猕猴桃对气候等环境条件的要求

具体确定。光照条件不好、土壤过分黏重、潮湿和通风透光条件不良的地块不宜栽植猕猴桃。

一 园地选择

（一）园地选择的原则

猕猴桃园地选择，应遵循"因地制宜、适地适树"的原则。一个好的猕猴桃种植园应具备适于生产的生态环境条件、有利的地形地势、方便的交通运输、优良的品种资源、良好的土壤条件等。只有满足这些条件，才是好的种植园区。园地最好是集中连片，以利于采用先进技术，利于果品的流通及加工利用。见图4-1。

图4-1　猕猴桃高标准选址建园

（二）产地生态环境要适宜

生态环境因素包括当地气象、地形、地势、温度、光照、水分、土壤、风向、坡向等，在园地的选择上必须考虑到猕猴桃对环境要求的特点。猕猴桃适应性相对较强，但并非任何地方都能栽植猕猴桃。在不同的土壤、不同的地势、不同的坡向条件下，猕猴桃的生长、产量、品质等都互不相同，

这和猕猴桃生长所处的生态条件密切相关。因此,猕猴桃产地环境条件,尤其是气候、土壤条件是决定猕猴桃产量和质量的重要因素。

山地建园要选择坡向,早阳坡和晚阳坡较好,坡度不能超过30°,另外,园地不能建在风口上。对土壤最基本的要求是必须含有丰富的有机质,以微酸性土壤最好;中性土壤也能栽培;重碱性土壤不适宜栽培,否则会出现植株黄化,甚至死株现象。

(三)建园规模和品种选择

没有一定的生产规模,就不能培育自己的市场,形成不了自己的品牌,就很难参与市场竞争,取得更好的效益。为取得较好的经济效益,避免因盲目发展而造成的重大经济损失,在建园前要对市场进行调查和预测,根据市场需求和经济效益确定发展规模和栽培品种,做到品种对路、供需协调。

(四)交通、通信的选择

猕猴桃园的位置不仅影响猕猴桃生产,还给后期的猕猴桃采收、运输、贮藏、销售等方面带来影响,因此,应尽可能将猕猴桃园建在交通方便的地方,而且确保水源充足。

在满足交通、通信便利的前提下,园地应选择在城市远郊区,园内及其周围无工业企业的直接污染,上风口没有污染源对园地构成污染威胁,猕猴桃园四周的河流或地下水的上游无排放有害物质的工厂,无工矿企业排放的"三废"对猕猴桃园区的空气、灌溉水和土壤环境造成污染。

二 园地规划

在选择好园地后,对园区进行合理规划和设计,以发挥猕猴桃园的最大经济效益和生态效益。应根据地形、地貌等自然条件、栽培方式和社会经济条件,经实地勘测,绘制出切实可行的猕猴桃园总规划图。规划工作

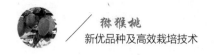

主要包括品种选择与配置、栽植密度与方式、道路设施、作业区、防护林、土壤改良、水土保持、病虫害防治、灌溉系统和排水系统等工作。还有部分果农，为了方便看管，还要筹建看管房等。合理的规划与设计是保证猕猴桃园丰产、优质、高效益的必要条件。

（一）小区规划

面积较小的猕猴桃园不必划分小区，大型猕猴桃园为管理方便，根据猕猴桃园区的面积、方位、地势以及方便管理的原则，将园区划分若干个作业小区，小区的大小视猕猴桃园具体情况而定。山地应根据梯田的自然地形确定小区的大小，一般以 40~60 亩为 1 个小区；平地机械化程度较高的，小区可稍大，以 80~120 亩为宜。每个小区作为 1 个基本管理单位。规划好作业区对提高工作效率、减少或防止果园水土流失、减少或防止果园风害具有重要作用，同时也便于统一管理、统一机械作业。

（二）修建道路

对于那些集中连片、面积大、规模效应明显的猕猴桃园，本着既方便于栽培管理和交通运输，又有利于节省土地的原则，确定道路的等级及配置，做好道路修建工作，这不但是为方便运输，也是为方便管理和肥水的供应。在种植规模大的园区，要设立主干道、支道和田间小路等，一般主干道贯穿全园，宽 5~8 米，分区设支道，宽 3~4 米，小区内设作业道，宽 2.0~2.5 米。小型猕猴桃园因地制宜，可以不设支道，只要方便管理和运输即可。

（三）营造防风林

猕猴桃新梢肥嫩，在夏季，大风常使嫩梢从基部折断，果实擦伤甚至刮落，不仅造成当年结果枝大量减少，而且还影响第 2 年的产量。而初冬的大风过早吹落叶片，影响养分的积累，所以猕猴桃园应建在背风向阳的地方。在有风害地区，猕猴桃园区内一定要营造防风林，一是可以适当阻挡大风的侵袭,降低风速,减轻风害的损失;二是冬季可适当防冻,减少猕猴桃植株的冻害;三是调节生态小环境,具有保持水土的作用,有利于猕猴桃的水分供给;四是可以改善果园的小气候,对猕猴桃的生长具有良好的促进作用。

防风林可根据猕猴桃园规模、地形、地势和主风向等多种因素进行统一规划,最好与道路结合,主林道要与当地主风向垂直,林带宽8~15米。防风林一般选用树体高大、生长迅速且树冠紧凑、枝繁叶茂、寿命长、抗逆性强的树种,而且不易发生病害,特别是没有与猕猴桃共同的病虫害,以乔木为宜。常用杨树、松树、榆树、柳树、柏树等,防风林高度控制在10米左右,离猕猴桃树的距离在7米以上,一般林带面积占猕猴桃园面积的5%。

(四)灌溉系统

猕猴桃种植不能缺水,也不能受涝,因此灌溉系统的配备必须完善。在选好水源的基础上,建立提水、蓄水、灌水、排水一整套的系统工程,做到旱能灌、涝能排。猕猴桃园灌溉系统的设计应首先考虑水源、水质和水量。在水源充足的地方可采用自流灌溉系统,设计干渠、支渠和田间毛渠3级,小型猕猴桃园可只设灌渠和灌水沟2级。为节约用水,果园用水提倡采用喷灌、滴灌等节水灌溉系统。各级水渠多与道路系统相结合,一般设在道路两侧,一侧的路沟为灌水渠,另一侧的路沟为排水渠。

(五)授粉树的配备

授粉树在猕猴桃种植园中是必需的,其作用不言而喻。猕猴桃的花在形态上是两性花,但是在功能上却是单性花。在实际生产过程中,必须配置花粉量大、花期适宜、丰产、优质的品种作授粉树才能满足要求。

猕猴桃种植园在配置授粉树时,一定要选配好授粉组合。首先,在确定主栽品种后,按一定方式和数量配置授粉品种,配置方式有行间、株间

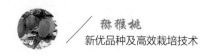

和中心配置;其次,要求授粉品种与主栽品种在花期上完全一致,可以保证授粉亲和力高、不育花粉率低,发挥授粉品种的作用;第三,所选择的授粉品种应为高产优质品种,对主栽品种的经济性状没有不良影响,不会通过授粉作用而影响主栽品种的果实产量和质量;第四,授粉品种的花粉量要大,授粉亲和力高,果实成熟期一致,以确保授粉坐果和便于管理。同时所栽的授粉树能够满足区域内的授粉需求,所以在整个猕猴桃种植园中,授粉品种与主栽品种的比例一般不低于1:6。例如,马图阿的花量大,花期长,与大多数品种花期一致,可作海沃德品种的授粉树,花粉发芽率为64%;而米56是海沃德最好的授粉树,当海沃德开花20%时,它已经进入盛花期,期末花期正好是海沃德开花80%时期,更为重要的是它的花粉萌发率达83%。

(六)其他配套设施

其他的配套设施还有许多,主要包括看管房、仓库、贮藏冷库、工具房等。见图4-2。

图4-2 岳西县古坊乡猕猴桃避雨栽培示范基地

▶ 第三节 整地和建园

一 整地

对猕猴桃种植园进行整地可以有效改善产地条件，改良土壤理化性状，增加肥力，蓄水保墒，有利于提高成活率和幼树生长。

通过深翻措施将土层翻起，然后施加足够的基肥，可以有效地提高土壤的肥力，同时也有助于土壤保肥性能和保水性能的改善，有利于猕猴桃的根系生长，改善吸水吸肥和运输能力。

二 建园

（一）建园条件

由于猕猴桃在长期系统发育过程中形成了"三喜""五怕"的特性，因此，在建园时必须充分考虑猕猴桃对环境条件的要求，尤其是气候条件、土壤条件和社会经济条件要满足猕猴桃生产的需求。因此我们建议各地果农在建园时，必须做到"五要"，即态度上要有发展的积极性，环境上要有适宜的生态条件，产品上要有一定的发展规模，资金上要有相应的投资能力，科技上要有切实可行的技术保障。

（二）直插建园

猕猴桃直插建园是将插条一次性扦插于植株栽植穴中，直接培育成苗的一种快速建园方法。由于繁苗与建园一次到位，方便简便，施工容易，建园成本低，在管理良好的条件下，苗木生长迅速健壮，一般第 2 年即可开始结果。

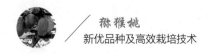

由于直插建园枝条扦插的地方不仅是苗木培育的场所，也是今后植株生长的地方，所以一定要准备好栽植沟。先挖好宽0.6~0.8米、深0.8米的定植沟，沟底填入切碎的玉米秸秆，然后再用混合好的表土与有机肥将沟填平，并灌一次透水使沟内土壤沉实。按植株行距要求将定植沟内土壤翻锄、整平，做成宽度为60厘米的平畦。直插建园多用长条扦插，即一个插条上要保留2~3个芽眼，有利于插条发根和幼苗生长。在扦插时可按规定的株距，在定植沟的覆膜上先用前端较尖的小木棍在扦插穴上打2~3个插植孔。为了保证每个定植穴上都有成活的植株，一般每个插穴上应沿行向斜插2~3个插条，插条间距离10厘米，形成"八"字形，插条上部芽眼与地膜相平，扦插后及时向插植穴内浇水。为了保证良好的育苗效果和促进苗木健壮生长，直插建园时定植带应铺盖地膜，膜的周边用细土压实。覆膜能有效提高地温，并有保墒和减少杂草危害的作用。

（三）栽实生苗建园

栽苗建园是整地后按一定的密度定植实生苗的建园方式。栽苗建园的优点是建园成本低，定植实生苗成活率高，品种搭配比较容易掌握，株行距规范，树体大小一致，生长旺盛，便于整形，便于集约化经营管理，早期丰产、稳产。

在栽苗建园时，行距控制在4米左右，株距应保持在2米左右。先在种植园里挖长、宽各100厘米、深60厘米的定植坑，在坑内施足基肥，不但可以节省肥料，还有利于树体吸收养分。定植时，在坑内覆一层土再栽实生苗，否则会造成烧苗现象。栽好的实生苗经过1年生长后再高接，有利于成活。接口应距地面40厘米以上，避免接口冻害，一旦高接成活，则去除实生苗全部分枝，以免争夺养分。

第五章 花果管理技术

第一节 花的管理

一 花期放蜂

猕猴桃若授粉受精不良,则果实小、易落果,甚至不能坐果。在自然情况下,一般通过风媒和昆虫活动传粉。但由于猕猴桃叶大枝茂,花粉又易干燥,风媒授粉只有在雌雄株非常接近时才有可能,单靠风媒达不到完全授粉目的,主要靠蜜蜂传粉。

据研究,每朵雌花约需 2 500 粒花粉,而蜜蜂每次只能传送 900 粒,因此只有经过蜜蜂的多次传送才能良好授粉。猕猴桃开花期间,将蜂箱放在果园背风向稍有遮阴的地方,每公顷果园放置 8 箱蜜蜂,可使其充分授粉,结果率、单果重量和品质均能提高。为保证蜜蜂的安全,果园在放蜂前两周至开花结束后,禁止施用农药,如果园间作的绿肥与猕猴桃花期相遇,则应提前刈割,使蜂群集中于猕猴桃的传粉活动。

二 人工授粉

若猕猴桃花期遇到低温、阴雨天气,蜜蜂活动次数少,影响授粉。或果园周围有刺槐、柑橘等同时开花,蜜蜂就很少飞到猕猴桃花上采蜜。为保

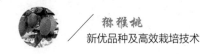
证猕猴桃雌株正常坐果,应开展人工辅助授粉。

(一)采集花粉

雄花含苞欲放时,采集雄花,摊放在室内 20~25 ℃条件下,经 20~24 小时花开放散出花粉,收集贮藏待用。

(二)检测花粉生活力

15%蔗糖+10%琼脂+0.01%硼酸配制培养基,接上花粉,置 25 ℃恒温箱中培养 24 小时,再镜检统计发芽率。花粉发芽率 80%~90%为好。

(三)花粉贮藏

刚收集的花粉可临时置于 0~5 ℃的冰箱冷藏室待用。纯花粉在 5 ℃下可贮藏 10 天以上,在密封容器内放在 -20~-15 ℃条件下可贮藏 2~3 年,在干燥的室温条件下贮藏 5 天的授粉坐果率仍可达到 100%,以贮藏 24~48 小时的花粉授粉效果最好。

(四)授粉方法

目前,我国农村多采用花对花、毛笔点授、简易授粉器、喷粉器或喷雾器等方法,国外已采用喷粉机械法。

授粉时加 5 倍滑石粉用毛笔或橡皮蘸花粉在雌花柱头上轻轻涂抹 2~3 次,效果很好。少量授粉时可直接将开放的雄花对着雌花柱头涂抹,每朵雄花可授 7~8 朵雌花,但这种方法工效低、费工时。通常采用花粉 1 克+白糖 2 克+硼砂 1 克+羧甲基纤维素 3 克(先用少量水化匀),再加水 1 千克搅拌均匀,用喷雾器喷施效果很好。

国外人工授粉多采用机械喷雾法,采集生长良好的雄株花朵,经过粉碎机获得花药,将花药置于 25 ℃干燥箱内 12 小时左右,过筛取得花粉,用硝酸钙、硼酸、羧甲基纤维素钠和藻蛋白酸钠各 0.01%和水配制成悬浊液,每升悬浊液放花粉 1~2 克,用喷雾机械喷洒于雌花上。注意雾化水滴要细,动作要轻。为防止花粉失去活力,花粉液要随配随喷,在 1 小时内

喷完。在花期连续喷洒 3~4 次，效果最好。此法可用于大面积人工辅助授粉。

日本通常采取石松与花粉混合后机械喷洒授粉，凡授过粉的雌花柱头呈红色，未呈红色的再行授粉。韩国已改用马尾松、柳杉花粉与猕猴桃雄花粉混合授粉，一般混合比例为 5:1。

为了提高坐果率和果实的质量，国外普遍建园时不配栽雄株，而另行建立雄株园，专门生产雄花粉，由花粉公司贮藏、销售。这样既保证了授粉质量和效率，又不用在果园配栽雄株。

三 适时疏花

在充分授精情况下，猕猴桃坐果率可达 95%，生理落果又较少，成龄树常果实累累，如全部保留，每果的营养积累相应减少，导致果小质差。为保证高效优质，应依据品种的结果习性，及早开始摘蕾、疏花、疏果。

实践证明，经摘蕾疏花疏果后，使营养集中供应到保留的果实上，果大质优，售价高，效益好。一般认为，疏果不如疏花，疏花不如疏蕾。在 1 个结果枝上，如果花蕾较多，可摘去顶端和基部的花蕾，保留中部的花蕾，双蕾、三蕾和过于拥挤的花蕾都要摘去。疏花时，将侧花、方向及位置不好的花疏去，有主花、侧花形成花序的，只保留主花。

▶ 第二节　果的管理

一 疏果

疏果应在花后 12 周内进行，越早越好。疏除发育不良的小果，留大果，疏畸形果、伤果和病虫果，留正常果，三果留中间去掉两边果。大体每

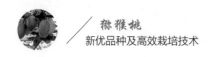

平方米留 25~30 个果,6~8 片叶承担 1 个果。短果枝留 1 个果,中果枝留 2 个果,长果枝留 3~5 个果。

为防止果实被日灼,可酌情疏去梢头果、树冠外围果,修剪留枝量要适当,结合整形、绑蔓调整枝叶密度,不使果实暴露于强光之下,高温季节适时浇水,调节果园湿度。

需要注意的是,因受天气、土壤及管理条件的限制,摘蕾、疏花、疏果应留有一定的余地,实际操作中可比预期产量多保留果实数 20%左右,以免异常因素导致落果减产。

二 套袋技术

套袋主要应用于猕猴桃优生区。适宜于中华猕猴桃、美味猕猴桃的所有品种。适合生产上常用的"T"形架、大棚架、篱壁架。

套袋技术流程:选袋→疏果→定果→喷药→套果→补套→防护→除袋。

(一)纸袋选择

以单层米黄色薄蜡质木浆纸袋为宜,长 15~18 厘米,宽 11~13 厘米,上口中间开缝,一边加铁丝,下边一角开口 2~4 厘米,纸袋要防水淋、利透气、韧性好。

(二)疏果、定果

(1)采用休眠期短梢修剪的猕猴桃,尽量保留结果枝,每个结果枝留 3~4 个果,疏除多余的果实。

(2)采用长梢修剪的猕猴桃,疏除结果母枝基部生长较弱的结果枝上的果实,其余的结果枝留 2~3 个果实。结果母枝中间部位不能正常抽生结果枝的,可以在稀疏的结果枝上留 3~4 个果实。

(3)对于中华猕猴桃长放结果母枝,节间较短并连续抽生结果枝的可

以对结果枝隔枝留果。每个结果枝留 2~3 个果实。

（4）树体较弱、受伤的结果母枝要适当少留果或不留果。

（5）及时疏除病虫果、畸形果、磨斑果、营养不良果。

（6）疏果时，先内后外、先弱枝后强枝。

（7）3 米×4 米株行距的美味猕猴桃丰产园每株留 160 个果以上，中华猕猴桃丰产园株留果量在 180 个果以上。

（8）幼园树根据结果母枝强弱，每个结果母枝留 2~3 个结果枝，每个结果枝留 2~3 个果实。

（三）套袋前病虫防治和架面管理

在果实套袋前全园喷布一次杀虫杀菌剂，可喷施 20%灭扫利 2 500 倍液、18%锋杀 2 000 倍液或 2 000 倍绿色功夫液，喷布甲基托布津或多菌灵等广谱性杀菌剂，控制金龟子、小薪甲、蟓象、蚧壳虫等害虫，防治果实软腐病、灰霉病等其他病害。禁止使用高毒高残留农药，控制植物生长调节剂使用。

猕猴桃架面要留足营养枝，每根结果枝留够 5~9 个叶片，并及时固定结果枝，使果实下垂在架面下，有足够的叶幕层覆盖，透光率不能超过 30%，防止果实日灼。

（四）果实套袋

（1）套袋时间。果实套袋要根据栽培品种的开花坐果习性、成熟期确定套袋的时间。一般套袋的时间为花后 35~40 天为宜，中熟猕猴桃可在 6 月 15—25 日套袋，晚熟品种可在 7 月 5—15 日套袋。套袋过早，果柄幼嫩会影响果实正常生长；套袋过晚，遇到高温天气易出现果实不适应袋内环境的高温伤害。

（2）套袋方法。一手撑开袋口，由下至上将完好的幼果套入果袋中，另一只手将袋口从开缝处打折成均匀的褶皱，并用袋子侧边的铁丝将褶皱

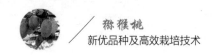

扎紧,结果枝上单生的果实可以直接扎于果实着生的结果枝上,<u>丛生的</u>果实直接扎绑于果柄上,折叠的果袋褶皱衬垫于果柄上,不可扭伤或扎伤果柄。

(3)检查果袋下边是否开口。如果袋底部全部封闭可用剪刀剪开 2~4 厘米的开口。上口封扎严实。

(4)套袋时先内后外,动作轻缓。对于下垂或直立的套袋枝条要及时固定,防止大风吹摆。

(5)漏套或脱袋的果实及时补套。

(五)套袋后的管理

加强肥水管理,套袋后可根施追肥,喷施叶面肥,注意灌水和排涝。加强夏季修剪,培养足够的营养枝,保护叶幕层。加强病虫害综合防治。及时稳固架材,及时绑枝,防风固树。

(六)除袋采收

果实进入成熟期后,先测定果实可溶性固形物含量,达到要求时即可除袋采收。解果袋时,首先托住果袋底部,松解果袋扎丝,旋转果袋连果一同摘下。绑于果柄的可托住果袋底部旋转带果的果袋连果一同摘下。采下的果袋轻轻解袋,然后分级。

三 预防猕猴桃倒春寒灾害

近年来,各地气候变化异常,在猕猴桃产区常发生倒春寒现象甚至出现冰冻灾害,严重影响到猕猴桃的正常生长结果。其防治方法如下:

(一)涂白

初春,给猕猴桃主蔓涂白或给树冠上喷施 8%~10%的石灰水溶液,既能减少太阳能的吸收、推迟萌芽和开花,又能起到杀虫灭卵的作用。

(二)浇水

在猕猴桃萌芽前后浇水 1~2 次,可以降低地温,推迟萌芽。

(三)喷施肥料

对处于萌芽至开花期的猕猴桃树,在冻害来临前,给树上喷施 0.3%~0.5%的磷酸二氢钾水溶液,可以增加树体的抗寒性。

(四)夜间熏烟

在寒流到来时,在猕猴桃园内做好堆柴烟熏的准备。一般每亩可以堆放木柴 6~7 堆。当夜间温度降至 0 ℃时,立即点燃,既可减少辐射降温,又可以增加果园的热量,达到预防"倒春寒"的作用。

(五)喷激素

早春喷施 0.1%~0.3%的青鲜素,能有效地推迟开花和抑制萌芽。

(六)喷盐水

在低温冻害来临之前,可给树喷 10%~15%的盐水。既可增加树体细胞浓度,降低冰点,又能增加空气湿度,水遇冷凝结放出潜热,可减轻树体冻害。

(七)冻后管理

加强水肥管理,根际适当追施氮肥或给叶面喷 1~2 次 0.2%的尿素和 0.2%的磷酸二氢钾混合液,促使猕猴桃树体尽快恢复;若萌芽前受害,可喷 0.005%的赤霉素,提高坐果率;加强猕猴桃的病虫防治,保护好叶片。

四 严禁滥用膨大素

近年来果品市场猕猴桃鲜果供不应求,一些经销商和种植户急功近利,为增大单果重,在开花后半个月内施用生长激素。使用的生长激素普遍叫猕猴桃果王液,商品名为施特优,俗称大果灵、膨大剂。其化学名称为氯吡脲 [1-(2-氯-4-吡啶基)-3-苯基脲],通用名为 forchlorfenuron,

cppu,4pu-30,kt-30、PBO,还有吡效隆、益果灵、丰昭、彭生、丰昭二合一等名称,实际是一种合成的具有细胞分裂活性的化合物,由日本东京大学药学系首藤教授等发明。在我国以大果灵、PBO 等产品应用于生产,在猕猴桃产区使用普遍。

使用这些生长激素后,如果用量过大,可使猕猴桃果形畸变,果个显著增大,有的竟达 450 克,果皮增厚变色,果肉变粗,果心变硬,果实水分过多,风味变淡,易腐烂变质,不耐贮放,还会造成大小年结果、树弱早衰等后果。此外,给消费者健康带来严重危害,应禁止滥用。

▶ 第一节 果园土壤管理

猕猴桃的根为肉质根,在土壤中自身的穿透性相对较弱。因此,改良土壤条件对优质丰产十分重要,尤其对山区果园,土壤贫瘠、有机质含量低、保水保肥能力差的土壤,定植前改良土壤是最基本的要求和措施。改良土壤通常采用深翻改土加厚耕作层,大量施用农家肥,种植翻压豆科等作物绿肥等措施,以达到疏松、培肥土壤的目的。猕猴桃定植后,还可以结合施有机基肥等措施进行土壤改良。

一 土壤改良

(一)黏土地改良

黏土地矿质营养丰富,有机质分解缓慢,利于腐殖质积累;保肥能力强,供肥平稳持久。但由于孔隙度小,透水、通气性差,不耐旱,不耐涝。改良黏重土壤的主要方法是掺沙压淤。每年冬季在土壤表层铺5~10厘米厚的沙土;也可掺入炉渣,结合施肥或翻耕与黏土掺和。在掺沙的同时,增施有机肥和杂草、树叶、作物秸秆等,改善土壤通气、透水性能,直到改良的土壤厚度达到40厘米、机械组成接近沙壤土的指标时为宜。

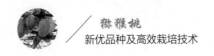

(二)沙土地改良

沙质土壤成分主要是沙粒,矿质养分少,有机质贫乏,土粒松散,透水、通气性强,保水保肥性能差。沙土热容量小,夏季高温易灼伤表层根系,冬季低温易冻伤根系。由于昼夜温差大,树体生长量小,光照好,所产果实含糖量较高。但由于土壤养分贫乏,一般树势较弱,产量较低。沙土地改良主要是以淤压沙,可与黏土地改良结合进行。同时,结合种植绿肥、果园生草和增施有机肥等措施,逐步提高沙土地梨园的土壤肥力。

(三)盐碱地改良

盐碱地含盐量大,pH较高,虽然矿质元素含量丰富,但有些元素如磷、铁、硼、锰、锌等易被固定,常呈缺乏状态,造成生理病害。盐碱还会直接给根系和枝干造成伤害。改良措施主要有:一是设置排水系统,使盐碱随雨水淋洗和灌溉水排出园外;二是增施有机肥,增加有机酸,中和土壤碱性。

二 土壤耕翻

(一)土壤深翻

1.深翻作用

深翻能增加活土层厚度,改善土壤结构和理化性状,加速土壤熟化,增加土壤孔隙度和保水能力,促进土壤微生物活动和矿质元素的释放;改善深层根系生长环境,增加深层吸收根数量,提高根系吸收养分和水分能力,增强、稳定树势。

2.深翻时期

定植前是全园深翻的最佳时期,定植前没有全园深翻的,应在定植后第2年进行,一年四季均可进行深翻。成年猕猴桃园根系已布满全园,无论何时用何种方法深翻,都难免伤及根系,影响养分、水分的吸收,没有

特殊需要,一般不进行大规模深翻,只在秋施基肥时适当挖深施肥穴,达到深翻目的。

3.深翻方法

挖沟定植的猕猴桃园,定植第 2 年顺沟外沿挖条状沟,深度 60 厘米左右,并逐年外扩,3~4 年完成;挖定植穴栽植的猕猴桃园,采用扩穴法,每年在穴四周挖沟深翻 60 厘米左右, 直至株间行间接通为止。结合深翻,沟底部可填入秸秆、杂草、树枝等,并拌入少量氮肥,以增强土壤微生物活力,提高土壤肥力,改善土壤保水性和透气性。深翻应随时填土,表土放下层,底土放上层。填土后及时灌水,使根系与土壤充分接触,防止根系悬空,无法吸收水分和养分。

(二)土壤浅翻

猕猴桃吸收根主要分布在 20~60 厘米土层中,因此,结合秋季撒施基肥,全园翻耕 20~30 厘米深,创造一个土质松软、有机质含量高、保水通气良好的耕作层,对植株良好生长具有明显促进作用。浅翻可熟化耕作层土壤,增加耕作层中根的数量,减少地面杂草,消灭在土壤中越冬的病虫。浅翻应在晚秋进行,每隔 2~3 年 1 次。浅翻起始位置应距树干 1 米以外。

(三)中耕

中耕是调节土壤湿度和温度、消灭恶性杂草的有效措施。春季 3 月底至 4 月初,杂草萌生,土壤水分不足,地温低,中耕对促进开花结果、新梢生长有利。夏季阴雨连绵,杂草生长茂盛,中耕对减少土壤水分、抑制杂草生长和节约养分有利。中耕时间及次数根据土壤湿度、温度、杂草生长情况而定。

三 土壤覆盖

土壤覆盖是近年兴起的果园土壤管理措施, 主要覆盖材料有作物秸

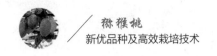

秆、杂草、枯枝落叶,绿肥、植物鲜体等有机物,以及无色透明或黑色薄膜、银色反光膜等。

(一)有机物覆盖

全园覆盖 10~15 厘米厚度的作物秸秆等,一能调节土壤温度,保护根系冬季免受冻害;促进早春根系活动;降低夏季表层地温,防止沙地猕猴桃园根系灼伤;延长秋季根系生长时间,提高根系吸收能力。二能改良土壤,覆盖物腐烂或翻入土壤后,增加了土壤有机质含量,增强了土壤保水性和通气性。三能抑制杂草,防止水土流失,减少土壤水分蒸发。

有机物覆盖的缺点是易引起根系上行生长。为防止风吹掀动覆盖物或不慎着火,可在覆盖物上撒一层薄土。

(二)地膜覆盖

幼树定植用薄膜覆盖定植穴,一是可保持根际周围水分,减少蒸发;二是提高地温,促使新根萌发;三是提高定植成活率,覆膜可使成活率提高 15%~20%。

在结果树树冠下铺设地膜,可改善架下光照条件,提高果实含糖量和外观品质,还能抑制杂草滋生和盐分上升。

四 生草与除草

(一)果园生草

果园生草包括自然生草和人工生草两种措施。自然生草方法简单易行,一般果园都会自然长出许多杂草,任其生长,定期刈割。以下主要介绍人工生草技术。

1.果园生草的作用

一是改良土壤。生草提高了土壤的有机质含量,增加了土壤的蓄水能力,减少肥、水的流失,减少施肥成本的投入。二是改善土壤结构,尤其对质地黏重的土壤,作用明显。三是调节土壤温度。果园生草后增加了地面覆盖层,减小土壤表层温度变幅,有利于根系的生长发育。夏季中午,沙地清耕果园裸露地表的温度可达 70 ℃,而生草园仅有 25~40 ℃。北方寒冷的冬季,清耕果园冻土层可厚达 40 厘米,而生草果园冻土层厚仅为 15~30 厘米。四是有利于果园的生态平衡。猕猴桃园生草有利于保护园内生物多样性和害虫天敌。五是保肥保水。山坡地果园生草可起到保水、保土和保肥的作用。

2.生草条件要求

果园生草可采用全园生草和行间生草等模式,具体模式应根据果园立地条件、种植管理水平等因素而定。土层深厚、肥沃,根系分布深,株行距较大、光照条件好的果园,可采用全园生草方式;反之,土层浅而瘠薄、光照条件较差的果园,可采用行间生草方式。在年降水量少于 500 毫米、无灌溉条件和高度密植的果园不宜生草。

3.生草种类

选择草种类的标准是适宜性强,管理容易,生草量大,覆盖性好,矮秆,浅根性,耐阴耐践踏,耗水量较少,与猕猴桃没有共同病虫害,适宜果树天敌生存等。目前常使用的品种主要有白三叶、红三叶、紫花苜蓿和苕子等。

4.生草方法

可直播和移栽,一般以划沟条播为主。为减少杂草的干扰,若有条件,最好在播种前半个月对梨园灌 1 次水,诱使杂草种子萌发出土,人工清除杂草后播种草籽。白三叶、紫花苜蓿等品种的播种量为每亩 1~1.5 千克。

自春季至秋季均可播种,一般春季 3—4 月和秋季 9 月最为适宜。3—4 月播种,草坪可在 6—7 月果园草荒发生前形成,9 月播种,可避开果园

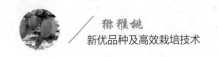

草荒的影响,减少剔除杂草用工。

5.生草果园的管理

为控制草的长势,一般在草高 30 厘米时进行刈割。割草可用割草机,也可人工刈割。刈割要掌握留茬高度,一般豆科草要留 1~2 个分枝(15 厘米以上,无分枝的除外),禾本科草要留有心叶(10 厘米左右),割得太重,会降低草的再生能力。割下的草可覆盖于树盘,也可用于饲养家禽、家畜。生草果园应适量增施氮肥,早春施肥应比清耕园增施 50% 的氮肥。生草 4~5 年后,草逐渐老化,应及时翻压,休闲 1~2 年后,重新播种。翻压以春季翻压为宜,翻耕后有机物迅速分解,土壤中速效氮增加,因此,当年应适当减少氮肥施用。

6.果园生草的弊端

梨园生草为害虫天敌提供了生长环境,也为有些病虫害提供了越冬场所。全园生草会影响郁闭棚架下部的光照条件。因此,在生产实践中,应因地制宜,灵活运用这一技术。

(二)除草

对于清耕果园,夏季若遇连日阴雨,无法中耕除草,果园会发生草荒,影响通风透光,加重病害发生。为避免草荒,可采取化学方法进行除草。使用除草剂时应注意人、畜、树安全,选择无风天气喷药,以免药液触及人体和猕猴桃树体。为提高除草效率,可将内吸与触杀、长效与短效型除草剂混合使用。但大面积、长时间使用化学除草剂,会严重污染地下水和周围的生态环境,因此,应尽量实行人工除草。

五 猕猴桃园间作

幼龄猕猴桃园行间空地较大,为有效利用土地和光能,增加前期收益,在不影响猕猴桃正常生长发育的前提下,可间作以下经济作物。

(一)豆科作物

豆科作物有固氮能力,可提高土壤肥力,是理想的间种作物。如花生、大豆、蚕豆、绿豆、豌豆、豇豆和红豆等。

(二)园艺作物

经济价值高,植株矮小,对猕猴桃生长影响不大。可供选择的有蒜苗、洋葱、胡萝卜、甘蓝和花菜等。瓜类如甜瓜和西瓜等。中药材如沙参、党参、板蓝根、黄芪、元胡和甘草等。

▶ 第二节　果园施肥技术

合理施肥可促进树体正常生长发育,增强植株抗逆性和抗病虫能力,延长猕猴桃经济结果年限,也是保持高产稳产的重要措施。

一 施肥原则

正确施肥不仅可以获得优质、高产、稳产的效果,而且可以大大减少肥料的施用量,提高肥料利用率。猕猴桃施肥一般应遵循以下原则。

(一)缺什么补什么

要通过土壤和叶片的营养诊断,结合猕猴桃生长发育需肥量,缺少什么营养就施什么肥,不要按照传统的做法,不论土壤营养状况如何,每年都同样施肥,那样不仅会浪费肥料,而且还可能影响猕猴桃的正常生长。

(二)什么时候缺什么时候补

猕猴桃在一生不同阶段、一年不同生长发育时期,对营养的种类、数量的需求都不同,甚至不同品种在同一时期需肥量都不同。一般来说,幼年树需肥量相对少,成年树需肥量相对多;萌芽期以氮肥为主,兼顾磷钾

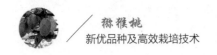

肥,而果实膨大期主要增施磷钾肥。

(三)基肥为主

基肥一般以优质有机肥为主,适量加入磷肥,在每年的秋天果实采收后施入。基肥肥料养分全面、肥效缓且持续时间长,对果实品质的形成具有重要影响。因此,基肥的施用量最大,应占全年施肥总量的60%~70%。

二 施肥时期和数量

对于结果猕猴桃植株,要做到每年定期科学施肥,施肥时期一般为萌芽前、果实膨大期和果实采收后。具体施肥量要根据树龄、树势和不同物候期确定。

(一)萌芽肥

在春梢萌芽前10天左右(2月下旬至3月上旬)。将树盘周围松土,然后撒施肥料,再翻入土中;也可采用沟施,沟深20厘米左右,施入肥料后盖土。本次施肥以速效氮肥为主,适量添加速效磷肥和钾肥。幼树株施氮肥约60克,成龄树追施全年氮的2/3(亩施8~10千克),磷、钾亩施各4千克。对缺硼而引起藤肿病、膏药病的,在树盘周围每平方米撒施硼砂1克。缺铁引起叶黄化病的,于树盘周围挖沟混施腐熟有机肥加硫酸亚铁,然后灌水1~2次。

(二)壮果肥

谢花后1个月左右猕猴桃果实生长进入迅速膨大期,需要施入速效肥料保证果实发育、新梢生长和花芽分化,一般在5—6月,分1~2次进行施肥,每次间隔15~20天。此期需肥量大,施肥量应占全年施肥量的30%左右。肥料在增施氮、磷基础上,增施钾肥,也可以使用速效复合肥,施肥后全园浇水一次。此外,果实发育期还可以配合叶面喷肥,选用0.5%磷酸二氢钾、0.3%~0.5%尿素液及0.5%硝酸钙药液喷洒,达到促进果实内

部充实、增加单果重、提高品质和增强果实的耐贮性目的。

(三)基肥

基肥一般在果实采收后入冬前施入，安徽地区一般在 11 月份为好，此时土壤温度还较高,基肥施入土壤后,在微生物作用下可以很快降解以便植株吸收。此外,由于土温较高,根系生长活动还没有停止,施肥损伤的根系还可以愈合。基肥主要用厩肥、堆肥、腐熟人畜粪肥等,有条件的也可以使用商品有机肥。施有机基肥时,通常配合施用钙镁磷肥、过磷酸钙等磷肥,以防止磷肥被土壤固定。

三 施肥方法

猕猴桃的施肥方法主要有沟状施肥、穴状施肥、全园施肥、灌溉式施肥等方式,具体的施用方法可以根据园地、肥料的性状等决定。

(一)放射状沟施肥

离主干 20~30 厘米,围绕树干一周,放射状开 4~6 条沟,沟的宽、深各 25 厘米左右,具体深度在靠近树干处要浅,以免伤大根,向外加深,沟长视冠幅确定,一般延伸到树冠垂直投影范围。在沟内施肥后覆土封沟。以后 1~2 年轮换开沟位置。

(二)穴状施肥

在猕猴桃根系分布的范围内,挖 6~8 个直径 15~25 厘米、深 30 厘米的穴,施肥后灌水,回土覆盖。施基肥和追肥都可用这种方法,特别适宜颗粒肥料和液体肥料施肥,肥料分布面广,很少伤根。

(三)环状沟施肥

围绕猕猴桃主干,在树冠投影内距离树干三分之二处,挖宽、深各约 20 厘米的环状沟 3~4 条,将肥料均匀地撒在沟中,覆土封沟。挖沟的位置逐年轮换,这种施肥方法有利于猕猴桃根系的扩大,一般多用于幼树。

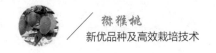

（四）全园施肥

将肥料均匀撒在园内再翻入土中。这种施肥方法适用于成年树或密植园，与放射状施肥交替使用，效果更好。

（五）肥水一体化

这种方法借助于喷灌、滴灌和渗灌设备进行，是一种现代化的施肥方法。将可溶于水的有机、无机肥料溶于水中，通过肥水一体化装备实现灌水、施肥一步完成，而且有肥料分布均匀、不损伤根系、不破坏耕作层土壤结构、节约肥水、肥料利用率高、成本低等优点，尤其在水肥条件差的山地、坡地的成年园和密植园更为适合。

▶ 第三节　果园灌溉与排水

猕猴桃对水分要求很严格，喜湿润、通气良好的土壤条件，既怕干旱又怕涝渍，保持适宜的土壤湿度对猕猴桃正常生长发育十分重要。因此，在夏季干旱时能及时灌水、在雨季来临时能及时排水，是猕猴桃园管理的关键之一。

一 猕猴桃园灌水

猕猴桃根系分布较浅，叶片大蒸腾作用强，耐旱性差，干旱时需要及时灌溉。成龄猕猴桃园的灌水时期一般有 4 个，即萌芽期、花期、浆果膨大期和采收后期。猕猴桃在冬季休眠期对水分的要求较低，在新梢迅速生长和果实膨大期则需水较多。灌水要根据猕猴桃生长发育的需水量和降水量分布情况而定。灌水最好与施肥结合起来。

(一)灌水时间

1.定植水

猕猴桃定植后到成活前这段时期的水分管理很重要。定植后必须浇足浇透定根水,浇水后,用1米直径的地膜覆盖四周;若遇春季干旱少雨,还要灌一次透水,以满足猕猴桃根系生长、萌芽抽枝的需要。

2.生长季灌水

(1)萌芽水。春季是猕猴桃各器官迅速形成期,需要大量的水分维持生长。因此,在墒情不理想时一定要浇足萌芽水,促进芽萌动和新梢生长。否则,对当年生长和产量都会造成不良影响。

(2)花期水。在花前10天左右,及时浇灌一次开花水。开花期则要控制灌水,如遇降雨要及时排水,以免影响授粉、受精和坐果。

(3)干旱季节灌水。不论是哪个生长阶段,发生干旱时,都要及时灌水。特别是在夏季高温季节,土壤、猕猴桃枝叶水分蒸发量都大,此时正是猕猴桃果实发育、花芽分化关键时期,必要的水分供应是生长的基本要求。生长中如果出现叶片萎蔫现象,就要及时灌水。夏季如果久旱无雨,在一般土壤条件下,每周都需要适量灌水一次。在沙质土园中,更应注意及时灌水,每次灌水要灌透土壤60厘米深度的范围。如此期灌水不及时或灌水不足,将导致植株大量落叶、落果,花芽分化严重受阻,不仅影响当年产量,还会直接影响下一年的产量。

3.封冻水

冬季寒冷地区,在入冬前应浇灌一次透水,对猕猴桃植株的生长、养分的积累和越冬能力的提高都大有好处,确保安全越冬。

(二)灌水方法

猕猴桃种植园灌溉的时间、次数和水量应根据树体需要、气候变化、土壤含水量等确定。

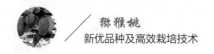
1.地面漫灌

地面漫灌就是全园漫灌。这种方法简单易行,但耗水量大,容易引起土壤板结,在水源相对充足的地方可以使用。封冻水一般采用地面漫灌方式进行。

2.沟灌

在猕猴桃行距间开灌水沟,沟深、宽各 30 厘米左右,将水引入沟中灌溉,灌溉结束后覆土。沟灌比漫灌节约用水,而且投入也较少。

3.喷灌

喷灌与漫灌相比,具有节水、省工等优点,而且可以增加园内相对湿度(7%~32%),改善园内小气候,在夏季还有降低园内气温(3.5~8.5 ℃)和土表温度(1.6~3.0 ℃)的作用。

4.滴灌

滴灌是通过滴灌系统,将水以一滴一滴的方式滴在根际。这种方法是最节水的灌溉方式,水分利用率可达到 90%。由于是滴灌,可使土壤经常保持在适应猕猴桃树生长的最佳含水状态,对土壤没有不利影响,且常与施肥结合,实现水肥一体化完成,特别适用于缺水地区。

二 排水

猕猴桃是浅根性果树,在积水严重情况下,猕猴桃根系会腐烂,造成植株死亡。因此,在进入雨季前,要彻底疏通排水渠道,保证园内积水能够及时排出。尤其是在降雨集中的梅雨季节,此时正值猕猴桃开花期和生理落果期,如果果园排水不良,不仅会导致多种病害和缺素症发生,而且会引起叶片黄化、脱落和落果。

第七章　整形修剪技术

第一节　整形技术

一　猕猴桃架势

猕猴桃是多年生藤本植物,栽培时需要支架。支架的材料、架势因地而异。生产上采用比较多的架势主要有"T"形棚架和平顶棚架。

(一)"T"形棚架

主干高 1.6 米左右,单主干上架后采用"Y"形向架两边延伸形成 2 条主蔓,与主蔓垂直方向留侧蔓,也就是结果母枝。侧蔓在主蔓两边错落排列。在结果母枝上每隔 30 厘米留一根结果枝,保证每个结果母枝上留 5~7 个结果枝,结果母枝与结果枝超过横梁最外端时留 3~4 个芽下垂生长,枝蔓总长度控制在 60 厘米左右。

(二)平顶棚架

主干高 1.6 米左右,当定植植株的新梢生长至架面下 10 厘米处时摘心,促生 2~4 个新梢做主蔓,然后将这几个主蔓分别引向架面不同方位。在主蔓上每隔 35 厘米留一根结果母枝,左右错开分布。

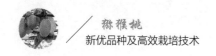

二 整形技术

苗木定植后,在嫁接口以上留 3~5 个饱满芽短截,从新梢中选一根健壮的作为主干培养。当主干长到架面下 10 厘米处时,进行摘心,促发主蔓,主蔓长出后选留方向适宜、长势健壮的 2~4 根作为永久性主蔓,密植的留 2~3 根、稀植的留 3~4 根。然后在主蔓上每 30~50 厘米留一根侧蔓。"T"形棚架整形需要 2~3 年可以形成,平顶棚架整形需要 4~5 年才能完成。

▶ 第二节　修剪技术

在整形过程中,要采取科学的修剪方法,才能完成整形任务。也只有通过修剪,才能将猕猴桃枝叶均匀地分布在架面上,实现结果枝更新、改善光照、立体结果等目标,否则,各种枝条生长杂乱无章,会严重影响内膛的光照,使树体内部、下部的枝条枯死,结果平面化,产量越来越低,品质越来越差。与其他许多果树一样,猕猴桃修剪分为夏季修剪和冬季修剪。不同的修剪方法对猕猴桃产生的效应也不一样。

修剪方法与品种类型、结果习性、树龄树势、架势立地和栽培水平都有直接关系。幼龄植株以营养生长为主,要促生枝叶、形成树体架构,修剪量要小,并结合整形进行。随着树龄增加,结果母枝、结果枝大量增加,植株长势逐渐中庸,营养生长和生殖生长逐渐平衡,在修剪中要轻重结合,调节叶果比、枝果比,并对结果枝进行更新。

一 夏季修剪

猕猴桃夏季修剪很重要,幼树通过夏季修剪可以形成理想的树形;成

年树通过夏季修剪能控制新梢旺长,改善果园通风透光条件,促进果实膨大,枝条增粗,提高产量质量,而且可以显著减少冬季修剪量。

(一)修剪时间

夏季修剪在萌芽到新梢停止生长之间进行,主要在5月中旬至7月上旬进行。

(二)修剪方法

夏季修剪的方法主要有抹芽、除萌、摘心、绑蔓等。

1.抹芽

当幼芽已萌动但尚未展叶时,抹除位置不当或过密的芽。可根据着生枝条的强弱,保留早萌、向阳、粗壮的芽,一个芽眼只保留一个壮梢,抹掉枝条上的弱芽、老蔓上萌动的无用隐芽、主干基部发出的芽,以及晚发芽、下部芽和瘦弱芽等。

抹芽的原则是掌握"去上留下、去小留大、去里留外、去密留疏"的原则。通过抹芽,可恢复树势,促进枝梢生长,促进雌花形成;减少冬剪工作量,减少修剪伤口;可以减少徒长枝的生成,改善树冠内的光照和透风条件,扩大光合作用的效果,提高果实产量和品质;节约树体的营养,保护树形和树势。

2.摘心

摘心是一项很重要的栽培管理措施。

(1)4月摘心。花前1周左右对结果枝留叶9~12片摘心,可促使幼龄树早成型、早结果,增加早期产量;可抑制植株的顶端优势,缓解树势,促进营养转向花序,促进果实的发育,提高坐果率。徒长枝长至5个叶时,在基部以上3~4片叶处摘心。

(2)5月摘心。抑制猕猴桃新梢旺长,促进花序发育,提高坐果率。对80厘米左右新梢及时摘心,结果枝留8~12片叶摘心,生长中等健壮的营

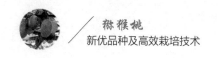

养枝留 12~15 片叶摘心,生长较弱和向下萌发的枝芽应及时抹除。通过摘心,节省养分,提高当年果实产量质量,促进翌年花芽形成。

(3)6 月摘心。从结果枝最后一个着果节位起留 7~8 片叶,连续多次摘心,同时疏除过密枝、弱枝,结合绑蔓,使枝条均匀分布在架面,减少枝叶重叠。

(4)7—9 月摘心。7 月,对 2 次梢留 8~10 片叶摘心,同时疏除荫蔽枝、纤细枝、过密枝。8 月,对新萌发的徒长枝,有空间的可以摘心保留,无空间的疏除;对 3 次梢留 5~8 片叶时摘心,同时把结果母枝调整在光照充足的方向上,为果实的后期膨大提供较多的营养,增加单果重量。9 月,对当年生幼树及时剪梢或摘心,减少秋季新梢生长,促其发育充实,提高抗性,以利翌年新梢生长。

3.绑蔓

绑蔓是将猕猴桃枝蔓绑缚在架面上的一项工作。夏季修剪和冬季修剪,都要按照栽培架势、枝蔓类型和生长情况,适时绑缚。绑蔓时间宜在冬季修剪后进行,当枝条生长到 40 厘米、已半木质化才能绑缚。通过绑蔓使枝蔓均匀合理地分布在架面上,形成合理的叶幕层,使树体均匀受光,以便通风透光,避免被风吹折断。绑蔓过早,由于生长的顶端优势,会导致下部的芽眼萌发不齐,也容易折断新梢;绑蔓过晚,容易碰掉嫩芽。为防止枝梢被磨伤,绑扣应呈"∞"形。

需要绑蔓的主要是主、侧蔓和结果母枝。绑蔓材料可用玉米棒皮、稻草、布条、麻绳、塑料条等。

4.雄株修剪

雄株修剪的重点是夏季修剪,在 5—6 月授粉完毕立即进行。将开过花的雄花枝从基部剪除,从离主蔓最近处选留 3~4 个枝,培养生长健壮、方向好的新梢作为开花母枝更新枝,每枝留芽 4~6 个,再从主干附近的

主蔓、侧蔓上选留生长健壮、方位好的新梢加以培养,使之成为翌年的花枝。这样既可以节约大量的养分,培养高质量的供翌年开花的雄花枝,又可以让出更多的空间给雌株。

二 冬季修剪

(一)修剪时间

在冬季落叶后"伤流"开始前进行,一般可在入冬后至翌年1月底完成,避免修剪太晚,引起"伤流"。

(二)修剪方法

1.疏枝

就是将枝蔓从基部疏除。对细弱枝、枯枝、病虫枝、交叉枝、生长不充实的营养枝以及根际的萌蘖枝,均应从基部疏剪。

2.短截

是指截去一年生枝的一段,根据短截的程度和截去枝条的部位不同,可以将其分为轻短截、中短截、重短截3种。轻短截就是截去当年生枝条的1/3,有利于促使雌花序的发育,提高结果能力,有利于早结果;中短截就是截去枝条的1/2,这种方式通常在用徒长枝培养结果枝时应用,对成龄树的内膛枝修剪和恢复有重要作用;重短截就是截去枝条的2/3,常用于对结果母枝的修剪,能有效控制结果部位外移。一般来说,短截程度越重,对侧芽的生长刺激越大,新梢生长越旺。

对徒长性结果枝从盲节以上第7个芽处短截,对长果枝从盲节以上第5~7个芽处短截,对中果枝从盲节以上第3~5个芽处短截,对短果枝从盲节以上第3个芽处短截,对丛状果枝则从基部进行疏除。

结果枝修剪后,要确保成龄园每平方米留结果母枝3~4个。品种不同,结果母枝长势不同,每根结果母枝留芽量不同。一般来说,结果母枝

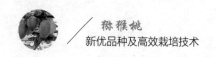

长势旺,可适当多留一些芽,否则,少留一些,一般为留 10~15 个芽。

对于那些需要更新复壮的植株,可采用全株更新或局部更新的方法,更新后均由基部芽做主、侧蔓重新上架,恢复树体。

第八章

病虫害及自然灾害防治技术

目前生产上栽培的猕猴桃品种多数是由野生资源驯化而来,商业化栽培始于20世纪50年代,全世界大面积栽培是在20世纪70年代以后。由于栽培历史短,最初猕猴桃栽培病虫害很少,基本不需要专门的防治。随着猕猴桃栽培规模的扩大,猕猴桃的病虫害分布越来越广,病虫害的种类不断增加,对猕猴桃生产的危害日益严重,特别是猕猴桃果实贮藏期间的灰霉病和细菌性溃疡性,先后给猕猴桃产业带来巨大的经济损失。此外,由于猕猴桃自身的特点,栽培过程中还易受到风害等自然灾害的危害,造成重大损失。病虫害和自然灾害的防控成为猕猴桃经济生产的重要环节。

▶ 第一节 病虫害综合防治技术

一 农业防治

(一)选择适宜品种

在计划种植时,一定要根据当地气候、土壤的生产条件,选择适宜当地条件,抗病性、抗逆性好的栽培品种,否则可能遭受冻害、溃疡病等危害而失败,或不能实现高产、稳产、优质栽培。

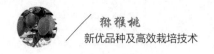

(二)使用健壮苗木

使用健壮无病虫害、脱毒苗木是防治病虫害有效且十分重要的途径。可以利用组织培养的方法培育脱毒苗木,不要从有溃疡病危害的地方引进苗木。

(三)提高建园水平

种植前,做好果园的规划,建设好道路、水利、电力、病虫害防治等设施,对土壤条件不太好的地块,对种植园地实施深翻、冻伐、晒土、施有机肥等土壤改良措施。

(四)加强田间管理

采取增加有机肥施用量,改善通风透光条件,及时灌水和排水,保持适宜产量,冬季清园等措施,能增强树势,减少病虫发生基数,提高树体抗病虫能力。

二 物理防治

(一)诱杀

利用害虫的趋光性、趋化性等习性,采用黑灯光、黄色板、糖醋液等诱杀害虫。

(二)人工捕捉

利用害虫的假死性,进行人工捕捉。

三 生物防治

生物防治的特点是安全,对果树和人、畜、环境等污染小,不伤害天敌和有益生物,可以长期利用。

(一)保护和利用害虫天敌

利用天敌消灭害虫。可以在猕猴桃种植园周围种植一些蜜源植物,营造有利于天敌繁衍的生态环境,吸引一些生物天敌来此安家落户。也可以人为地繁殖、释放和助迁一些害虫天敌,如捕食性瓢虫和赤眼蜂等。此外,在进行化学防治时,要注意天敌的繁衍规律,避开天敌生长的关键时期用药,减少对天敌的不良影响。

(二)使用生物制剂

使用成分明确、效果显著、正规厂家生产的生物制剂,既有防治病虫害的作用,又安全无污染,是病虫害防治的发展方向。

四 化学防治

化学防治就是使用化学农药进行防治。虽然化学防治对果品、环境会带来一些污染,但只要使用低毒、低残留、高效的农药,并严格坚持间隔期制度,在生产中使用还是安全的。除此之外,化学农药的使用还要注意以下几个方面问题。一是适时适量。有害病虫都有自己生命中最脆弱、繁殖相对集中的时期,应选择这个时期进行喷药防治。二是选择适宜的种类。虽然有一些农药具有广谱性,但大多数农药对不同病虫种类的防治效果是有一定差异的,因此应"对症下药"。三是科学混配。在生产中,为节省劳力,同一时期需要防治多种病虫,往往采取多种农药混配的方法防治病虫害,但农药之间不是都可以混配的,有的农药混配后降低了药效,有的农药混配后产生了其他有害物质。因此,在混配前要了解情况,若农药混配没有前例,则应进行小范围试验后再大面积使用。四是交替使用。很多病虫害在多次遭遇同一种农药后会产生抗药性,使防治效果显著降低,所以在果园病虫害防治过程中,同一种农药最好不要连续使用,而是选择类似的农药交替使用,以降低病虫的抗药性。五是按规用药。不使用国家明令禁止的农药。

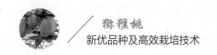

五 防止检疫性病虫害

在了解猕猴桃检疫性病虫害基础上,阻止检疫性病虫害进入产区,最简单的办法就是不从疫区调运苗木、种条、接穗、果实和种子,一经发现检疫性病虫害,要立即销毁。

▶ 第二节　主要病害防治技术

目前危害猕猴桃的主要病害有溃疡病、果实软腐病、根腐病、立枯病等,其中溃疡病是最重要的病害。

一 细菌性病害防治

(一)溃疡病

1.病原

一种细菌感染,病菌可随树液在植株体内迅速扩展,同时也借风雨在不同的植株间进行传播,导致病害加重。

2.危害症状

本病已经成为猕猴桃的主要病害之一,危害猕猴桃树干、枝条、叶片。发病多从茎蔓幼芽、皮孔、落叶痕、枝条分叉部开始,感病部位初期呈水渍状,然后病斑扩大,颜色加深,变成红褐色,皮层和木质部分离,用手压成松软状。受害茎蔓上部枝叶枯萎死亡。在茎部发病,上部枝叶枯死后,又可萌发新枝,翌年感病后再次死亡,重复 2~3 年后,整株死亡。病情严重时导致猕猴桃整株植株死亡,2~3 年毁园。

3.侵染规律

在春季易流行,尤其是在伤流期至谢花期,温度 4~20 ℃时发病,3—4

月最为严重,到 5 月随气温升高而减轻。

在高氮肥使用区,枝叶旺长不健壮时,也易发病。在秋季,果实成熟前,主要发生在树梢叶片上。虫害严重区及修剪伤口过多区发病也严重,有伤口侵入,感染概率提高。

4.防治方法

(1)综合防治。以农业防治为主,辅以药剂防治的综合防治措施。对无病区加强检疫,严禁从病区引进苗木,对外来苗木进行消毒处理,确保有病苗木、果实不进入无病产区。一是减少植株的伤口。主要是操作小心,在修剪时尽量避免造成大的伤口,使病菌侵入没有通道,一旦发现大的伤口必须涂药保护。对修剪枝进行消毒。修剪有病树后,剪刀必须经过严格消毒,才能修剪其他树。二是培养健壮树体,增加树体抗性。加强栽培管理,多施有机基肥,防止偏施氮肥,注意田间清沟排渍,降低地下水位和田间湿度。在冬季用波尔多液和石灰水涂干,保树防冻。防治土壤或植株缺硼而发生藤肿病,若缺硼可在萌芽前 1 个月每亩施硼肥 0.5~1.0 千克;在萌芽期喷 1~2 次 0.3%的硼酸液,以后在 5—6 月再增施 1 次。冬季注意清扫种植园,剪除病枝枯枝,彻底清除田间枯枝落叶,并集中烧毁。挖出已经严重发病的植株,并对树盘土壤消毒。

(2)药剂防治。防治虫害,减少因虫害引起的伤口感染。收果后或入冬前,喷 1~2 次 0.3~0.5 波美度的石硫合剂或 1:1:100 波尔多液。立春后至萌芽前,喷 1:1:100 波尔多液或 50%可湿性粉剂,每隔 7~10 天喷 1 次。萌芽前,全园喷 1 次 3~5 波美度石硫合剂;从萌芽后到谢花期,喷 72%农用硫酸链霉素 100 毫升/千克水溶液,或 70%可湿性粉剂 1 000 倍液,或 45%代森铵乳剂 1 000 倍液、施纳宁 1 500 倍液、20%叶枯唑 WP 600~800 倍液、64%噁霜锰锌 WP 400 倍液、12%松脂酸铜 EC 800~1 000 倍液等药剂,交替使用进行防治,对全树要周到喷布,每 7~10 天喷 1 次,连续喷 2~3 次。

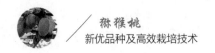

（3）刮治病斑。植株在春季发病时，发现流红水应彻底刮除病斑，直至露出好皮为止，并对病斑进行涂药保护。涂药范围应大于病斑的2倍。药剂可选用20%叶枯唑WP 150倍液，或45%代森锌EC 100倍液。将刮下的病残体带离果园、烧毁。所用工具（剪锯、刮刀等）在每处理完一个感病枝蔓后都应及时用过氧乙酸或75%酒精等进行消毒。

（二）花腐病

1.病原

花腐病是猕猴桃开花期的一种重要病害，可由多种细菌引起，常见细菌是绿黄假单胞菌，少数是丁香假单胞猕猴桃病菌。

2.危害症状

花腐病主要危害花、幼叶及幼果，受害严重时花蕾不膨大，花萼变褐，蕾脱落，花丝变褐腐烂；受害轻的花蕾能膨大，但不能完全展开，花瓣呈橙黄色，基部暗黄色，雄蕊变黑褐色腐烂，雌蕊部分变褐，柱头变黑，基部不膨大，结果不正常，大多在花后1周内脱落；少数受害轻的果实子房部分膨大，形成畸形果、空心果或病健组织膨大不均匀造成裂果，这些果实不能正常后熟，长时间后果实萎蔫，果肉变酸，果心变硬，不能食用。

3.侵染规律

病原菌在植株病残体、土壤表层等处越冬，早春随风雨或人为活动在果园中传播。发病程度与花期天气关系密切，花期降雨量大，发病就严重。

4.防治方法

（1）农业防治。及时排除果园积水；栽植密度适中，通过修剪等方法，保持果园良好的通风透光条件，对过密园要及时间伐；平衡施肥，防治树体缺钾，增强抗病性；花前至花后期避雨栽培，防病效果很好。在进行人工辅助授粉时，一定要选择无病的花粉。

（2）化学防治。采果后喷一次杀菌剂,如波尔多液或77%可杀得可湿性粉剂800倍液防治越冬病菌,减少越冬菌原基数;在即将萌芽期喷洒一次3~5波美度石硫合剂和77%可杀得可湿性粉剂800倍液,减少病菌初次侵染基数。在萼片开裂初期至花蕾膨大期,交替喷布喹啉铜、链霉素800~1 000倍液、50%退菌灵800倍液、波尔多液等药剂,防治花萼和花蕾的感染。

二 真菌性病害

（一）果实软腐病

主要在果实催熟和贮藏期间发生,少数危害枝条,在我国猕猴桃主要产区都有发生。

1.病原

主要有2种,即葡萄座腔菌属和拟茎点霉菌属。

2.危害症状

采收前在果实上通常不表现任何症状,而在后熟过程中发病,有的在采后数月才发病。多从果蒂和侧面发病,也有从果脐发病的。感病后,果肉出现类似大拇指压痕斑,微凹陷、褐色、酒窝状,直径大约5毫米,表皮不裂,剥开皮后斑中间常有乳白色锥形腐烂,病部组织呈海绵状,数天后可扩展到果实中间,甚至整个果实腐烂。该病还可以危害衰弱枝条,开始产生紫褐色病斑,此后扩展到木质部,使枝条干枯。后期在病斑处产生大量黑色小点,即病菌的子座和子囊腔。

3.侵染规律

病菌以菌丝体、分生孢子或子囊腔在枯枝、果梗上越冬,越冬后的菌丝体、分生孢子器在春季4—6月生成孢子,6—8月大量散发侵染危害。病菌侵入果实后,在果内潜伏侵染,未成熟的果实可抑制菌丝生成,所以

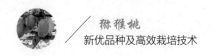

不表现症状,至果实后熟期才表现症状。本病菌的生长、传播和侵染都需要高温高湿条件,因此温湿度是影响本病发生的关键因素。在贮藏期,当贮藏温度 20 ℃,发病率可达 70%,随着温度降低,发病率减轻,在 1~3 ℃低温下,该病一般不发生,低温可有效抑制发病。

4.防治方法

(1)综合措施。加强田间管理,注意清沟排水,适当疏花蔬果,多施有机肥,提高树体抗病能力;有防风林的果园,需要对防风林喷药,减少或预防病原孢子传播;保持果园清洁,降低病原基数;谢花 1 周后进行果实套袋,对该病有良好防治效果。幼果期根外喷施 0.2%~0.3%钙肥 2~3 次,对降低发病率有较好效果。

(2)化学防治。根据软腐病的发生规律,防治应从花蕾期防治侵染源开始,重点抓好花后幼果期喷药。萌芽前喷 1 次 3~5 波美度石硫合剂,减少初次侵染源。重视果实生长期间的虫害防治,尤其是刺吸式口器的害虫。

从谢花开始至幼果膨大,选用 50%异菌脲 1 500 倍液、10%世高 4 000 倍液、乙烯菌核利可湿性粉剂 1 000~2 000 倍液、50%甲基硫菌灵可湿性粉剂 800 倍液、50%敌菌丹 1 000 倍液等。每隔 10 天左右喷 1 次,连喷 3~4 次,采收前 1 周再喷 1 次。

(二)根腐病

猕猴桃根腐病是一种毁灭性真菌病害,在我国湖北、广东、四川、陕西、河南等省产区均有发生。

1.病原

病原多数鉴定为疫霉菌属。

2.危害症状

幼苗和成年植株都可受害,发病部位均在根部。该病主要由密环菌和疫霉菌引起,症状因病原而有不同。

由疫霉菌引起的根腐,由根尖开始感病,然后逐渐向内发展,造成地上部分生长衰弱,萌芽迟、叶片小,枝蔓顶端枯死;感染发生在根颈部,在根颈部出现环状腐烂。在土壤潮湿或发病高峰期,病部均产生白色霉状物。病斑初为水渍状,逐渐发展成褐色,条形或梭形病斑,患病处腐烂后有酒糟味,后菌丝大量发生,经8~9天形成菌核,似油菜籽大小,淡黄色。以后下面的根系逐渐变黑腐烂,从而导致整个植株死亡。

由密环菌引起的根腐,初期根颈部皮层出现黄褐色水渍状病斑,皮层逐渐变黑软腐,内部组织变褐腐烂。后期在患病组织内充满白色丝状菌丝,腐烂根部产生许多淡黄色成簇的伞状籽实体。造成叶色变黄、树势衰弱,严重时部分枝条干枯乃至全株枯死。

3.侵染规律

疫霉菌随病残组织在土壤中越冬,第2年春季从根部伤口或根尖侵入,可进入木质部,嫁接口埋入土下和伤口多的植株容易感病。7—9月为发病高峰期,10月以后发病停止。地势低洼、排水不良的果园发病重;夏季高温干旱,遭遇连续阴雨或漫灌情况,常造成成片死亡,幼树受害更甚。

密环菌以菌丝、菌丝块或菌素在土壤和组织中可长期存活,病株或病残体上的菌索不断生长,每年可延长1米以上,越冬病菌在翌春猕猴桃树体萌动后开始活动,菌丝从树体嫁接部位或根尖伤口侵入。5—8月是发病高峰期,病菌可多次重复侵染。

两种病菌引起的根腐病,均可随耕作或地下害虫活动传播,带病苗木是远距离传播的主要途径。

4.防治方法

(1)综合措施。选择在无病地区育苗,培养无病苗木;一旦发现病株连根挖除销毁,土壤用溴甲烷熏蒸消毒。做好开沟排水工作,降低地下水

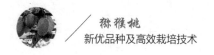
位,减少病菌感染。

(2)药剂防治。在根腐病发病初期,用10倍石硫合剂悬浮液涂抹根颈并灌根,7天后再进行一次,防病率达到95%;或对发病树采取晾晒根部后灌药,晾晒根部时,也可将病部组织刮除,防效更好。药剂主要有地菌净800倍液、25%瑞毒霉可湿性粉剂800~1 000倍液或40%多菌灵胶悬剂400倍液等多种,可按每株1.5~3.0千克剂量灌根。

(3)加强地下害虫防治。每亩用麦麸或豆饼5千克,对适量水炒半熟后,加90%敌百虫150克,拌成毒饵,于晴天傍晚撒入田间地面,防治蛴螬、地老虎等虫害。

(三)果实灰霉病

果实灰霉病又叫果实蒂腐病,是在贮藏过程中引起果实腐烂的主要病害之一。

1.病原

灰霉病的病原为葡萄孢菌。

2.危害症状

叶片发病,是由发病的雄蕊、花瓣黏附在叶片上,形成2~3厘米的褐色轮纹状病斑,以后病斑扩大,导致叶片脱落。幼果初期发病,谢花期残留的雄蕊和花瓣上密生灰色孢子,幼果毛茸变褐、果皮受伤,发生严重时可造成落果;幼果后期发病毛茸变褐,果实也变成褐色,影响果实的品质。收获后的果实发病,在果蒂处出现水渍状病斑,以后病斑均匀向上扩展,果实病部保持正常形状,与健康果实没有差异。切开病果,果肉由果蒂处向上腐烂,蔓延全果,有酒味,表现软腐症状;经过一段时间后,病部果皮上长出一层不均匀的绒毛状灰白霉菌。此病菌在低温时也能多次发病,即使是没有受伤的果实也可以被灰霉菌的病果二次传染,这不同于果实软腐病,果实软腐病在1~3℃低温下发生少。

此外,病果释放出的乙烯加速果实的后熟,缩短贮藏寿命和货架期。

3.侵染规律

病菌以菌核随病残体在土中越冬,第二年春,当环境条件适宜时,菌核萌发产生菌丝体,在菌丝体上产生分生孢子,分生孢子随风雨传播,先侵染猕猴桃花引起花腐,在谢花期如遇阴雨天,腐烂的花瓣掉在叶片上引起叶片发病;花瓣落在幼果上,在果蒂附近残留的花瓣上往往可见大量菌丝。本病发生的关键因素是雨水,在谢花期如遇多雨高湿,受侵花瓣不易脱落,或黏附在果实、叶片上就易引起感染。反之,病害就不能发生或发病很轻。该病菌只能通过伤口侵入果实,果实采收时在果蒂处留下的伤口,或采收后在果实分级、包装及搬运过程中产生的伤口是病菌侵入果实的通道。果实受伤越多,发病越重。

4.防治方法

(1)综合措施。科学修剪,清沟排水,增加通风透光,降低田间湿度;搞好冬季清园,减少越冬侵染源;减少果实损伤,采果时轻拿轻放,减少果实损伤。

(2)药剂防治。在萌芽前喷施1次1%石灰等量式波尔多液;萌芽至花期喷施100毫克/升农用链霉素;谢花期和采果前3~7天,用苯菌灵2 000倍液、敌菌丹可湿性粉剂1 000倍液、代森锰锌可湿性粉剂800倍液进行喷洒;在5月中下旬,用托布津1 500倍液、20%的福美霜可湿性粉剂800倍液喷施;在采果后24小时内用代森锰锌可湿性粉剂800倍液处理伤口。

贮藏库内,采用烟剂2号、百菌清烟剂及50%高能复合烟剂处理,具有较好的防治效果。

(四)立枯病

立枯病是猕猴桃苗期的一种主要病害,一般死苗率在30%左右,重病

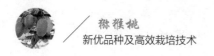

地死苗达 70%,常造成苗床成片死亡。

1.病原

立枯病可由多种病原真菌引起,但主要为半知菌亚门中的立枯丝核菌,有性阶段为担子菌亚门薄膜革菌属。

2.危害症状

在幼苗出现 2~3 片真叶、根茎基部尚未出现木质化之前发病;7—9月高温季节易发病。受害时,根茎基部初呈水渍状,颜色逐渐加深,后变黑皱缩腐烂,上部叶片萎蔫或呈白色凋枯,病株易折断。湿度大时病部长有白色霉状物,发病前期,植株叶片白天萎蔫,晚上和清晨又可恢复。该病在久雨转晴时,常常造成幼苗死亡。

3.侵染规律

立枯病病菌以菌丝体或菌核在土壤中或病残体上越冬, 腐生性较强,一般在土壤中可存活 2~3 年。在适宜的环境条件下,病菌从幼苗的茎基部或根部的伤口侵入,或直接穿透寄主的表皮侵入引起发病。此外,病菌可通过雨水、流水、病土、农具、病残体以及带菌堆肥传播危害。病菌生长发病需要高温高湿,当气温达到 18 ℃时有利于病菌的生长发育。湿度包括空气湿度和土壤湿度,苗床中的土壤湿度对幼苗发病影响更大,一般湿度大、雨水多、病害重。此外,苗床播种过密,加重病害的发生。

4.防治方法

(1)综合防治。选择地势高、排水好、土质疏松的地块作苗床、苗圃;育苗前对苗床、苗圃进行土壤消毒,床土要充分翻晒;在发病时及时拔除病苗,集中深埋或烧毁。

(2)药剂防治。在 7—9 月高温干旱时及时喷五氯硝基苯 200~400 倍液或 50%托布津 1 000~15 00 倍液,每隔 5~7 天喷 1 次,连喷 2~3 次。

(五)黑斑病

1.病原

果实黑斑病有性阶段为子囊菌球腔菌属,无性阶段为半知菌尾孢属。

2.危害症状

果实黑斑病主要危害叶片、果实和枝蔓。叶片受害,最初在叶背面产生灰色绒状小霉斑,后逐渐扩大成暗灰色或黑色霉斑;叶面病部初为绿色,后渐变为黄褐色或褐色、圆形或不规则形坏死斑,病健交界不明显,病叶易脱落。枝蔓受害,初期在表皮出现黄褐色或红褐色水渍状纺锤形病斑,稍凹陷,后扩大并纵向开裂肿大形成愈伤组织,出现典型的溃疡病斑,病部产生黑色小粒点或灰色霉层。果实受害,初期为灰色绒毛状小霉斑,以后扩大成灰色至暗灰色大绒毛霉斑,随后绒霉层开始脱落,形成明显凹陷的近圆形病斑。刮去病部表皮可见病部果肉呈褐色坏死状,病斑下面的果肉组织形成锥状硬块,果实后熟期间病部果肉最早变软发酸,以后整个果实腐烂。

3.侵染规律

病菌以菌丝体和分生孢子器在病枝、落叶和土壤中越冬,翌年在花期前后产生孢子囊,释放出分生孢子,随风雨传播。该病发生流行与品种抗病性有关,高温多雨环境易发病。

4.防治方法

(1)综合防治。选择抗性品种。冬季注意清园。发病初期及时剪除病枝,减少初侵染源。

(2)化学防治。萌芽前喷1次3~5波美度石硫合剂;谢花期全树喷1次70%甲基托布津可湿性粉剂1 000倍液;以后每隔20天左右喷1次杀菌药,药剂可选用70%甲基托布津可湿性粉剂1 000~1 500倍液、80%炭疽福美可湿性粉剂800~1 000倍液、25%炭特灵可湿性粉剂1 000倍液

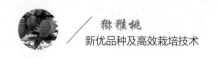

或50%超微多菌灵可湿性粉剂600倍液。重点喷叶背和果实,连喷4~5次,注意交替使用药剂。

三 根结线虫病

根结线虫病是由土壤中的线虫侵染引起的根部病害,在国内外猕猴桃种植区均有发生。

(一)症状

主要危害根部。在被危害的嫩根上产生细小肿瘤,数次感染则变成大瘤。肿瘤初期为白色,后变成褐色,最后变成近黑色。从苗期到成株期均可受害,苗期受害造成植株矮小,新梢短而细弱、叶片小而黄,易脱落,挖出根,可见根系已有大量肿瘤;成年植株受害,树势弱,枝少而弱,叶片黄化易脱落,结果少、小、僵硬。严重时病根变黑腐烂,地上部表现为整株萎蔫死亡。

(二)病原

侵染猕猴桃的根结线虫病主要有北方根结线虫、花生根结线虫、南方根结线虫和爪哇根结线虫。

(三)侵染

根结线虫病以2龄幼虫侵入猕猴桃根系,其世代重叠,1年中幼虫出现4次发生高峰。温度高时发生量大,生活周期短,成虫和卵都能越冬。此病以种苗、土壤、水源、农具、人畜等方式都能传播。

(四)防治方法

1.使用无病苗

加强外来苗木的检疫,培养无病苗木是防治此病的重要措施。在水旱轮作的地块繁殖苗木,有利于培育无病苗木。

2.在无病土壤建园

选择无根结线虫危害的土壤中建园。在计划建园的地块,先种植指示植物(如番茄),指示植物生长半个月后,检查其根部是否有肿瘤。如果各个试验点的指示植物均无根结,则可以建园;否则,不能建园。

3.果园覆草

覆草后的果园每 100 克腐烂草中有腐生线虫 5 000 条以上,而没有覆草的果园腐生线虫却很少。腐生线虫越多,捕食根结线虫的有益生物就越多,可以起到对根结线虫进行生物防治的作用。

4.药剂防治

在果园 5~10 厘米的土层撒施 10%克线丹（每亩撒入 3~5 千克）、3%米尔乐颗粒剂(每亩用 6~7 千克)。施药后浇水,药效期长达 3 个月。苗圃地发现病株,可用 1.8%爱福丁乳油 2 500 倍液,浇施于耕作层(深 15~20厘米),效果好。

四 生理病害

(一)日灼病

日灼病是夏季高温强日照引起的一种常见的生理病害,在各产区均有发生。

1.症状

在果实向阳面形成不规则、略凹陷的红褐色斑,即日灼斑,表面粗糙,质地似革质,严重时,病斑果肉中央木栓化,果实易脱落。

2.发病规律

猕猴桃日灼病大多发生在气候干燥、持续强烈日照的高温季节,在幼年果园,叶幕尚未完全形成,叶片稀疏,果实多裸露在光照下,发生严重;病弱树及挂果多的树,日灼果率可达 20%;土壤水分供应不足、修剪过

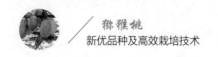
重、果实遮阴面少的地块,发生日灼严重。

3.防治方法

防治日灼病的根本措施是果实遮阴。在果园西南方位营造防护林,减少阳光直射时间;在幼龄果园,或高温干旱、强阳光照射的情况下,采用遮阳网等遮阴,是最好的防治方法,但遮阴的透光率不能低于60%,否则会影响植株正常生长,影响翌年结果。此外,对局部暴晒果实进行套袋,也是有效的办法。同时,在田间管理方面,注意加强肥水管理;有条件的果园,高温干旱时,可及时喷灌降温,增加果园空气湿度,降低日灼病的危害。

(二)黄化病

猕猴桃黄化病是由于缺少一些微量元素引起的生理病害,这里主要介绍缺铁引起的黄化病。

1.症状

植株缺铁时,叶片失绿、黄化,果实发白、口感差、不耐贮。缺铁症状在整个生育期均可发生,6—7月发生严重。

2.发病规律

当土壤可供植株吸收的有效铁(Fe^{2+})含量少,植株从土壤中吸收的铁不满足正常生长需求时,植株就表现缺铁症状。在碱性土壤(pH高),缺铁现象容易发生。

3.防治方法

建园时,要对土壤的理化性状进行测定,如果缺铁,则应改良土壤后再定植,或选择其他地块建园。栽培猕猴桃的园地土壤pH宜在6.5~7.5,若pH过高,则不宜种植猕猴桃,或者进行土壤改良后再种植。6—7月份,叶面喷施螯合铁肥,如叶绿灵、叶绿宝或硫酸亚铁350倍液等进行治疗,每隔5~7天喷1次,连喷3~4次。

由于植株只能吸收 Fe^{2+}，而 Fe^{2+} 在空气中、土壤中很容易被氧化成植株不能吸收的 Fe^{3+}，所以一般土施方法难以解决缺铁问题。在其他果树中，采用枝干输液法补充有效铁含量，虽然效率不高，但效果较好，可在猕猴桃中使用。具体方法是：选用果树专用铁营养液，在病树主干基部打孔至树的髓部（主干直径的 1/2 处），以医院打点滴的方式，将营养液慢慢输入树体。若在落叶后至休眠期使用，主干用原液稀释 30 倍滴入；若在生长季节使用，将原液稀释 50 倍滴入。用量为每厘米直径使用 1 毫升。

▶ 第三节　主要虫害防治技术

猕猴桃主要虫害有介壳虫、金龟子、叶蝉、吸果夜蛾等。

一 蚧虫

危害猕猴桃的介壳虫，大多是茶、桑、柑橘等木本植物上的害虫，其发生和危害与周围的环境有密切相关。对猕猴桃危害较严重的主要有桑白盾蚧、草履蚧、考氏白盾蚧、椰圆蚧等几种。

(一)危害症状

主要危害叶片、果实和新梢，以雌、雄成虫及若虫寄生在主干、枝条、叶片和果实上吸取汁液，一般多集中在枝条分叉处，严重时整株分布，像树干涂白一样，危害严重时被害叶片正面呈黄绿色斑点，后期大量脱落，导致果实萎缩，可使枝蔓或整株枯死，树势衰弱，为其他病虫害的进一步危害创造条件。

(二)发生规律

在秋季高温干旱的天气发生较多，因为这样的天气有利于介壳虫的

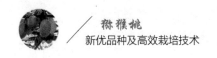

繁殖和传播。新开的荒地发病少,而熟地发病较多。

(三)防治方法

1.综合防治

尽量不从受害地区调运苗木、接穗,种植无虫苗;在冬季或早春萌芽前,用破布、草把、硬毛刷子等抹擦密集在树干上或枝条上的越冬蚧壳虫。加强果园排水,科学整枝修剪,合理密植,改善通风透光条件。

2.药剂防治

对种苗用 40%乐果乳油 800~1 000 倍液或松脂合剂 6 倍稀释药液浸泡种苗根茎部 2~3 秒后定植。在萌芽期喷 3~5 波美度石硫合剂一次,或45%结晶石硫合剂 20~30 倍液一次,或柴油乳剂 50 倍液一次。生长季节用 40%速灭杀乳油 1 000~1 500 倍液、50%亚胺硫磷乳油 500~800 倍液、50%马拉松乳油 1 000~1 500 倍液、25%喹硫磷 600~1 000 倍液、40%速扑杀 1 500 倍液、30%蜡蚧灵 1 000 倍液、40%乐斯本 1500 倍液、功夫 2 000倍液等交替使用,对发生严重的枝干可用机油乳剂稀释成 80 倍液喷洒。

二 蛾类

危害猕猴桃的蛾类害虫有苹小卷叶蛾、蝙蝠蛾、葡萄透翅蛾、吸果夜蛾类等多种,均属鳞翅目害虫。

(一)危害症状和发生规律

1.苹小卷叶蛾

苹小卷叶蛾以幼虫危害嫩叶、花蕾和幼果,啃食幼果,造成果面伤害和落果,严重影响产量,对中华猕猴桃果实危害极大。

一般每年繁殖 3~4 代,9—10 月以 2 龄幼虫在树干皮下、枯枝落叶结茧越冬,春天孵化幼虫,危害谢花后 20 天左右的猕猴桃幼果和嫩叶。

2.蝙蝠蛾

蝙蝠蛾以幼虫在离地 50 厘米左右主干和主蔓基部的皮层及木质部蛀食,蛀入时先吐丝结网,将虫体隐蔽,然后边蛀食边将咬下的木屑送出,粘在丝网将洞口掩住。有时幼虫在枝干上先啃一条横沟再向髓心蛀入,因而常造成树皮环割,使上部枝干枯萎或折断。幼虫多从枝干的髓部向下蛀食,有时可深达地下根部,虫道内壁光滑。

3.葡萄透翅蛾

葡萄透翅蛾属鳞翅目害虫,主要危害葡萄,近年被发现还危害猕猴桃,以幼虫蛀食枝干或树根造成危害。葡萄透翅蛾产卵于猕猴桃顶梢腋芽和嫩枝上,幼虫蛀入茎内取食,并向植株的下位危害,形成孔道,被害处以上的枝条枯死,蛀孔处常堆有虫粪,受害茎上多处膨大如瘤状。

从 4 月上旬开始危害,7—8 月是幼虫危害高峰期。幼虫可转移危害 1~2 次。

4.吸果夜蛾类

吸果夜蛾种类较多,危害猕猴桃果实的主要是鸟嘴壶蛾和枯叶夜蛾。在果实近成熟期,成虫用虹吸式口器刺破果面吮吸果汁,刺孔小、难察觉,约 7 天后,刺孔处果皮变黄,凹陷并流出胶液,随后伤口附近软腐,并逐渐扩大为椭圆形水渍状的斑块,最后整个果实腐烂。

(二)防治方法

1.综合防治

冬季或早春刮除老树皮、翘皮,集中烧毁,以消灭越冬虫茧。经常检查果园,发现蔓上有虫包时将其除去,用铁丝插入虫孔刺死幼虫;从幼果期开始对猕猴桃果实进行套袋,有利于防治吸果夜蛾;及时剪除受害枝蔓;在各代成虫期,果园内以 8%糖和 1%醋的水溶液加氟化钠配成的诱杀液挂瓶诱杀,或以黑光灯、频振式杀虫灯诱杀;注意保护食虫鸟、捕食性

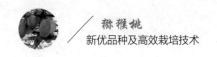
步甲虫和寄生蝇等天敌。

2.化学防治

在越冬幼虫出蛰期,喷洒 Bt 乳剂 600 倍液,或 50%杀螟松乳剂 1 000 倍液,或 10%歼灭乳油 4 000~5 000 倍液;幼虫在地面活动期(4 月中下旬) 喷 10%氯氰菊酯 2 000 倍液。在第 1 代卵孵化盛期喷洒 Bt 乳剂 600 倍液、灭扫利 3 000~4 000 倍液、20%杀灭菊酯乳油 2 000~3 000 倍液;发现有虫粪时,用棉球蘸 50%敌敌畏原液塞进蛀虫孔内;或用磷化铝片剂,每孔塞入 0.1 克,孔口用湿泥堵住,毒杀幼虫。

三 叶蝉类

危害猕猴桃的叶蝉有多种,如猩红小绿蝉、桃一点斑点蝉、小绿叶蝉、二星叶蝉、大青叶蝉等。

(一)危害症状

成虫、若虫聚集在叶背面吸食叶片汁液危害叶片,使叶片及较嫩的枝蔓被害部位出现苍白的斑点或焦枯,严重时整个叶片变成黄白色,提早落叶,影响叶片光合作用,进而影响树势,降低果实品质。

(二)发生规律

在我国猕猴桃产区均有发生。从 6 月上旬开始危害植株,8—9 月危害最重。在管理粗放、通风不良、枝叶密郁、杂草多的猕猴桃种植园发生严重。

(三)防治措施

1.综合防治

保持果园清洁,及时刮除卵块,清除杂草和枯枝落叶并集中烧毁,减少越冬虫源。选择合理的种植密度。应加强夏季修剪,及时摘心和抹除副梢,改善果园通风透光条件。

2.药剂防治

4月中旬至5月上旬若虫孵化后，用40%乐果乳油800~1 000倍液喷洒。5月中下旬，喷2 000~3 000倍液敌杀死、速灭杀丁、杀灭菊酯等触杀性强的菊酯类农药，隔5~7天再喷1次，一般可全年控制危害。成虫发生盛期及时喷布10%多来宝2 500倍液，防治效果达99.6%。在各代若虫发生盛期及时喷布20%叶蝉散（灭扑威）乳油800倍液、20%敌杀死3 000倍液、50%抗蚜威可湿性粉剂4 000倍液、2.5%溴氰菊酯2 000倍液、80%氧化乐果1 800倍液、20%灭杀利2 000倍液、2.5%吡虫啉可湿性粉剂1 500倍液等，均能收到较好的防治效果。

四 金龟子类

危害猕猴桃的金龟子类害虫有喙丽金龟、黑绒金龟、大黑鳃金龟等。

（一）危害症状

金龟子对猕猴桃植株尤其是幼年树危害较重，且对品种具有选择性。危害幼苗、叶片和花。初期叶片褪绿，植株生长不良，危害严重的植株会凋萎而死亡。

成虫一般取食植物的幼芽、嫩叶、花蕾、幼果及嫩梢，受害的猕猴桃植株，叶片被咬成不规则的缺刻和孔洞，严重时可将整片叶吃光，只留叶脉，或将花、果吃光，从而影响果实的大小和品质。幼虫即蛴螬，在地下活动，常将植物的幼苗咬断，或啃食须根，使植物死亡。

（二）发生规律

有机质多和土壤质地疏松肥沃的新植区，有利于金龟子产卵和幼虫的生长发育，因而受害严重；土壤温度为15~20 ℃时，蛴螬危害最为猖狂。在多雨季节易流行。

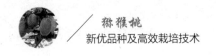

(三)防治措施

1.综合防治

利用金龟子成虫的假死性,在成虫发生期,于傍晚和清晨,轻轻晃动枝蔓,将成虫抖落到地上进行捕杀。每年6—9月,是金龟子羽化产卵期,利用金龟子成虫的趋光性,在猕猴桃园安装太阳能频振式杀虫灯或黑光灯进行诱杀。

在猕猴桃周边种植板栗等,可以有效减轻金龟子对猕猴桃的危害。

2.化学防治

(1)幼虫防治。冬、春耕翻以及中耕除草时,用50%辛硫磷700~1 000倍液。6—7月结合根外追肥用80%敌敌畏800倍液喷洒或用敌敌畏对水500倍液洗根,消灭幼龄虫。

采用药饵诱杀。方法是先将米糠炒香,再将100克敌百虫晶体溶解于200克水中。然后将药液倒入米糠中拌和均匀,每亩调拌米糠50千克。最后把其撒在猕猴桃植株的根部,引诱蛴螬出来取食。一般4小时后即可见效。

(2)成虫防治。开花前2~3天,树冠喷施50%辛硫磷乳剂700~1 000倍液,谢花后每隔10天左右喷1次,连喷2~3次。于成虫盛发期,傍晚喷80%敌敌畏乳油、西维因800~1 000倍液、40%毒死蜱或50%马拉硫磷乳剂1 000~2 000倍液。

五 蝽类病虫

(一)危害症状

害虫以刺吸式口器汲取猕猴桃叶、花、蕾、果实和嫩梢的汁液。猕猴桃的组织受害后,局部细胞停止生长,组织干枯成疤痕、硬结、凹陷;叶片局部失色和失去光合功能,果实失去商品价值。

（二）发生规律

若虫、成虫均能危害。多以成虫在建筑物、老树皮、杂草、残枝落叶中和土壤缝隙里越冬。

（三）防治措施

1.综合防治

利用成虫的假死性,在其集中危害期,晃动枝蔓,令其落地捕杀。利用成虫的趋化性,在田间放置糖醋药饵罐头瓶诱杀。冬季清除枯枝蔓落叶和杂草,刮除树皮,进行沤肥或焚烧。

2.药剂防治

用灭扫利 3 000~4 000 倍液，或 5%敌敌畏乳剂 800~1 000 倍液，或 80%晶体敌百虫 800~1000 倍液，或 25%亚胺硫磷 800~1 000 倍液，或乐果乳剂 1 500~2 000 倍液喷洒。

▶ 第四节　自然灾害预防

一　风害

（一）危害症状

猕猴桃柔软幼嫩的枝梢生长旺盛,极易被风从基部吹折,不仅影响当年的生长和结果,而且使翌年产量也会受影响。同时,风也易使叶片、果实擦伤,易于感病和降低商品性能,大风还会造成落叶,影响花芽分化,使翌年减产。

（二）预防措施

选择避风向阳的地方建园,否则应提前建立防风林;因地制宜,选择

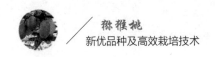

适宜的架势;在生长季节,尤其是枝梢旺盛生长期,加强田间管理,适时夏剪,搞好绑蔓工作,处在风头上的果园应枝枝见绑,绑外不绑内,绑上不绑下,绑实不绑死。

二 旱害

(一)危害症状

猕猴桃对旱害敏感,无论是幼树、成年树,还是果实、叶片都会受害。干旱发生后,叶片萎蔫,出现焦枯,随焦枯面积的逐步扩大,最后叶片成片焦枯,导致早期落叶、花芽分化滞后,甚至整株枯死。旱灾还直接影响果实生长发育,降低商品果率及耐贮运性。在夏季高温季节、快速生长期容易发生旱害。

(二)预防措施

对保水性能不好的果园,应注重深翻改土,多施作物秸秆、有机肥等,加强果园土壤保水能力。每年干旱发生前,于6月末在树盘直径1.0~1.5米范围内,盖一层厚3~5厘米稻壳或干草,再在其上盖一层细土或用地膜覆盖,有较好的防旱效果。

夏季及时、细致摘心、抹芽,对防旱有辅助效果。抹芽、摘心7~10天进行1次,以利枝条木质化。

解决干旱最有效的办法还是及时灌溉。

三 药害

(一)易产生药害的农药

目前已知猕猴桃对乐果、杀螟硫磷、代森锰锌、甲基硫菌灵、西马津、特克丁、2,4-D等多种药剂十分敏感,容易形成药害。

(二)药害症状

药害首先导致叶片叶缘焦黄,严重造成早期落叶;果实表皮组织受损,果面出现药害斑点,还有可能出现大量的畸形果,严重影响果品产量和质量。

(三)预防措施

1.科学用药

严格按照规定的配制方法、浓度、用量、喷布方式使用农药,不要随意加大用药量和扩大使用范围;农药之间混合使用前,要进行小面积试验或请教专家;严格执行药物的安全间隔期制度。

2.防治措施

发生药害时,可及时向树上喷水。如发现早,应立即喷水冲洗受害植株,以稀释和洗掉黏附于叶面和枝蔓上的农药。如药害已造成叶片白化时,可用50%腐殖酸钠(先用少量的水溶解)配成3 000倍液进行叶面喷雾,3~5天后叶片逐渐转绿。波尔多液中的铜离子产生药害,可喷0.5%~1.0%的石灰水溶液处理。石硫合剂产生药害,在喷水基础上,喷洒500倍液的米醋溶液可缓解。

猕猴桃果树受到药害后,应及时剪除枯枝、枯叶,防止枯死部分受病菌侵染而引起病害。

第九章 采收及采后处理技术

▶ 第一节 果实的采收

一 采收时间

　　猕猴桃采收期对产量、品质及耐贮藏性都有直接影响。采收过早,影响产量,果实糖分低,含水量高,果肉硬、酸味浓,没有香味,即使使用乙烯利等催熟剂处理,让肉质变软,其口感和品质还是与自然成熟的相差甚远,而且果实也不耐贮藏;采收过晚,果肉软化,硬度明显降低,也不耐贮藏,而且果皮木质化,果心发硬,香味也不充分,商品性降低,不耐运输,经济价值降低。

(一)成熟度预测

1.果肉品质

　　研究表明,从果实生理角度分析,果实在淀粉积累过程结束后,开始转化为糖时采收最好。由于猕猴桃成熟过程中,外观颜色没有明显变化,对绿肉品种一般以可溶性固形物含量作为成熟度指标。从综合性状考虑,可溶性固形物含量达到 6.5% 时,可为采收指标,达到 7% 则为最佳采收时间。而对于黄肉品种,除可溶性固形物含量外,果肉颜色和硬度也可作为成熟的指标,一般可溶性固形物含量为 8%~9%、色度角 105° 时采收最好。猕猴桃果实在近成熟期可溶性固形物含量提高较快,所以达到6.5%时,应定期检测,以把握最佳采收成熟度。

此外,虽然猕猴桃果实在成熟时,外观变化不像苹果等果实明显外,从外观上看,也有一些变化,就是果皮由青绿色向黄绿色转变,表面渐渐变得光滑,有的绒毛开始脱落。

2.果实生育期

除果实品质可以作为判定成熟期以外,在一个地区,不同品种的果实生育期一般来说也有标准,可以作为成熟期判定的参考。如中华猕猴桃果实的生育期为 140~150 天,美味猕猴桃则为 170~180 天。

(二)采收时间

猕猴桃的采收宜在无风的晴天午前或晨雾消失后进行,雨天、雨后以及露水未干的早晨都不宜采收;光照过强时,也不宜采果。

二 采收方法

(一)采收准备

采收前,要做好准备工作。一是在采前 1 周果园最好不要灌水,20 天内不要施用氮肥;二是在采果前 1 周左右,喷 1 次杀菌剂,如用可湿性多菌灵 500~800 倍液,可除去果面污迹,减少贮藏过程中蒂腐病的发生。

(二)分批采收

同一果园不同地块、同一植株不同部位的猕猴桃果实成熟时间往往有差异,为提高优质果率,应做到分期、分批采收,成熟一批,采收一批。一般至少分两批次进行,先采大而成熟度好的果,后采小果,以提高果品产量和品质。此外,应先采优质果,然后再采摘碰伤果、拉伤果、虫害果、授粉不良的畸形果以及因日灼引起局部凹陷发皱的果。

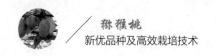

（三）避免损伤

采果前要剪短指甲，并戴上棉手套。由于猕猴桃成熟时，果梗与果实之间已经形成离层，采摘时用手轻轻旋转向上，果实即与果柄分离，不能硬拉，以免拉伤果蒂、擦破果皮。要轻采、轻放，小心装运，以避免果实损伤、堆压。用来盛果实的箱、篓等容器底部应垫柔软材料作衬垫，装箱（筐）时品种要分开。采下的果实应放在树荫下或阴凉处，不要暴晒在太阳下，以免造成采后日灼。

三 人工催熟

自然成熟的猕猴桃果实品质纯正，香甜可口，但生产上为了抢占市场先机，增加销售价格，提高效益，避免因成熟期过分集中，给采收、销售、贮运带来压力，常对一部分果实采用人工方法加速果实成熟进程，提前猕猴桃成熟期。

（一）果实可食状态

用手触摸猕猴桃的果实，有软的感觉时，表明进入可食用状态，此时果肉的硬度一般为 0.3~0.4 千克/厘米^2，含糖量一般在 14%左右，柠檬酸的含量为 1%以下，果肉的颜色加深，香味充分。销售时，一般上市 3~4 天应能达到这种状态。

（二）催熟方法

1.自然催熟

将采收后的猕猴桃果实装入放有木屑或米糠的木箱中，用薄膜密封后放到 15~20 ℃的环境中，环境温度越高则催熟速度越快。

2.强制催熟

在一定温度和湿度条件下，利用催熟剂乙烯利处理果实，可以达到催熟的目的。通常在果实开始成熟前，采用 250~300 毫克/千克乙烯利喷果或浸果,然后将果实置于15~25 ℃温度下,可以获得成熟度较一致且成熟期提前4~6天的果实。

(三)注意事项

1.适宜的浓度

乙烯利浓度过低效果不明显,而浓度高于500毫克/千克时,容易导致落果。使用浓度也与气温有密切关系,在气温高时浓度可低一点,气温低时浓度则高一点。此外,不同品种对乙烯利的反应也有一些差异,要进行试验才能确定。

2.合适的时间

乙烯利处理应在晴天进行,以果实刚刚开始成熟时为最适时期,处理效果最佳。喷药要均匀,以湿润为度。也可以在贮藏出库时浸果处理。

3.混合药剂

由于乙烯利有促进离层形成的作用,所以单独使用乙烯利催熟时常导致果粒脱落,使猕猴桃不耐贮藏和运输。为减轻这种副作用,在使用乙烯利时可加入10~20毫克/千克的萘乙酸,有良好的防果粒脱落的效果。

4.采收后处理

对于已经采收的硬而未软熟的猕猴桃也可以用乙烯利催熟,这时催熟的目的是确保猕猴桃在预期时间内达到可食程度,常将果实放置在15~20 ℃条件下,用100~500毫克/千克浓度的乙烯利处理12~14小时,1周内可获得成熟一致的可食果。

▶ 第二节　果实分级

采收后的果实要进行分级,以提高果实的商品性。果实在生长发育

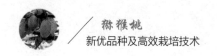

过程中,受到外界多种因素的影响,难免出现大小不一、病虫果、畸形果、机械伤果等情况,通过分级,把大小、好坏等果实分开,以便于包装、贮藏以及销售。猕猴桃的分级应在手工预分选基础上,再按照外观和重量分级。目前,许多地方猕猴桃分级还主要靠手工,而发展方向应该是机械分级。如果做到人工与机械相结合则更好。

一 外观分级

一般依靠手工进行,就是把有明显缺陷的果实挑选出来。

二 重量分级

(一)手工分级

手工重量分级主要有两种方法。一是根据经验,依据果实大小,直接将果实分级。这种方法速度快,但往往偏差较大。二是用选果板分级。就是利用果实纵横径不同进行分选。这种方法偏差小,但速度慢。

(二)机械分级

机械重量分级就是根据果实重量不同,通过机械感应装置将大小不同的果实分开。这种方法效率高、精度高,有条件的地方应积极采用。

▶ 第三节 包　　装

果实包装不仅是果实商品化、提高市场竞争力的需要,也是保护果实不受损伤、延长贮藏保鲜时间、便于运输的重要措施。合适的包装至少要满足 5 个条件:一是对果实不造成机械伤;二是在湿度较大,甚至短时间淋雨条件下不变形;三是有良好的通气性能;四是安全无害;五是美观大方,吸引消费者。

　　猕猴桃包装多采用小型纸箱或木盒,内置单层托盘,要求同一包装盒内的果实品种相同、大小一致。

第四节　贮　　藏

一　果实自然后熟

　　猕猴桃属于呼吸跃变型果实,刚采下的果实坚硬、味涩,需经过 7 天左右的后熟过程,才能适宜食用。

　　采摘后,将猕猴桃果实进行包装、冷藏,利用猕猴桃果实内自然产生的乙烯气体诱导后熟。

　　经过后熟过程,果实中贮存淀粉逐渐降解为可溶性糖,甜味增加;果肉中积累的很多有机酸,也因此转化减少,酸味下降;一些香味物质含量逐渐增加,产生香味。同时,果肉由硬变软,果皮颜色由绿变成浅绿,有的还变成淡黄色。

二　果实贮藏方法

　　猕猴桃属于浆果类果实,富含维生素 C,汁液也很丰富,果实采收后,在常温下 10 天左右,就开始软化、腐烂,失去商品价值。因此,采取适宜的方法贮藏猕猴桃果实,对该产业的发展至关重要。目前,生产上常用的猕猴桃的贮藏方法,主要有沟藏、窖藏、冷库贮藏和气调贮藏。

(一)贮藏方法

1.冷库贮藏

低温可抑制果实的呼吸代谢作用,降低酶活性,减少乙烯产生,从而延缓猕猴桃果实的后熟和衰老进程。冷库贮藏是目前应用最广泛的猕猴

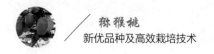

桃贮藏方法。

（1）冷库准备。果实入库前，要清除库内杂物，排除库内异味。可用饱和的高锰酸钾溶液或漂白粉洗刷地面后紧闭库门24小时，每立方米用5~15克硫黄拌干锯末熏蒸，48小时后开机降温，提前将库温降到−0.5 ℃左右。

（2）预冷。果实从树上采摘下来之后，要先将果实放在阴凉的地方降温8~10小时，除去田间热，然后将果实装入0.03~0.05毫米厚的薄膜袋中放入果箱，薄膜袋不要封口，每袋10千克左右，放到冷库的预冷间，将温度降到0 ℃后封口，搬进冷藏间冷藏。

（3）冷藏。冷藏的温度要稳定在−0.5~1.0 ℃，冷库中乙烯含量要低于0.03毫克/千克，相对湿度在95%左右为宜，贮藏期一般可达6个月。猕猴桃在冷库中摆放方式，要根据贮藏量、库容等合理安排，以提高冷藏效率，降低能耗成本。

（4）果实检查。猕猴桃放入冷库贮藏时，要定期检查，出现问题要及时解决。

2.气调贮藏

在冷库中，通过机械设备，将贮藏环境中的氧从21%左右降到3%，将二氧化碳从0.3%增加到3.0%，并不断调整保持。这种气体的配比可以有效地降低猕猴桃的新陈代谢作用，尤其是呼吸作用，从而起到贮藏保鲜的作用。

将经过分级挑选及预冷后的果实放入果箱中，每箱装10~15千克，然后在箱外套一个0.06毫米厚的塑料袋，袋上面有气孔。先用抽气泵抽取袋内空气，再充氧气，反复2~3次后，袋内的氧减少到所需指标，即可进行贮藏。采用这种方法贮藏，贮藏期一般可达半年。

3.沙藏

用于沙藏的沙的湿度以手握成团、松手即散为宜。选择干爽平坦、阴凉通风场所,先在地上铺 10~15 厘米厚的干净细沙,然后一层果一层沙进行堆放,果与果之间间距约为 1 厘米,总高度不要超过 150 厘米,最上面盖 15 厘米厚的湿沙。每个月翻堆 1 次,可以贮藏 3 个月左右。

(二)影响贮藏的因素

猕猴桃果实采摘后,生命代谢活动仍在进行,随着代谢进程的推进,猕猴桃果品由未熟走向成熟,由成熟走向衰老,最终失去其商品价值。猕猴桃果品贮藏及保鲜运输,就是一个尽可能地延长其商品价值的过程。影响猕猴桃贮藏保鲜的因素可分为内部因素和外部因素两个方面。内部因素主要是果品质量、猕猴桃的种类和品种等,外部因素主要是贮藏室的温度、湿度、乙烯含量等方面。

1.品种

不同种类和品种的猕猴桃果实,其贮藏性状不同。晚熟品种生长后期气温低,营养物质积累多,低温适应性强,对病虫害的抗性相对较强,一般比较耐贮。因此,要想贮藏保鲜时间长,应该选择耐贮藏的晚熟猕猴桃品种。

2.果品质量

生产管理精细,果实品质好,有利于贮藏。反之,氮肥施用量大,产量过大,光照不足,采前灌水或降雨果园的果实,已受病虫危害的果实,过早或过迟采收的果实,都不利于贮藏。

3.贮藏温度

在自然状况下,猕猴桃的贮藏效果与温度变化直接相关。在适宜的温度范围内,温度越高贮藏时间越短,而温度越低,贮藏时间则相对较长。通常贮藏时间在 3 个月以内的,库内温度控制在 0~5 ℃即可,如果需要

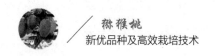
贮藏时间更长,则温度控制在-0.5 ℃为好。例如中华猕猴桃在常温下存放 10 天之后逐渐变软,进而衰老腐烂,而在 0 ℃下一般可贮藏 100 天左右。但是温度不能过低,否则果实易受冻害。

4.湿度

冷藏库内相对湿度对贮藏效果有直接影响。一般应控制在 90%~95% 为宜。如果库内相对湿度低,会造成猕猴桃果实失水、果面皱缩。如在相对湿度 80%~85%时,果实表皮出现明显皱缩,虽可食用,但商品价格降低;相对湿度为 70%~75%时,果实迅速失水皱缩,不能后熟变软,贮藏 1 个月左右即失去食用和商品价值。

5.乙烯含量

猕猴桃贮藏过程中吸入氧气,产生二氧化碳和乙烯。猕猴桃自身释放的乙烯,加速了果实后熟的进度。因此,降低氧气浓度,提高二氧化碳浓度,排除乙烯气体是猕猴桃贮藏保鲜的主要手段。在实际操作中应尽可能将贮藏环境的乙烯浓度控制在 0.03 毫克/千克以内,同时不要和苹果和梨等混贮。

▶ 第五节　运　输

猕猴桃果实的运输首要问题是防止造成机械伤。需要长距离运输时,应选择稳定性能较好的车辆,走较好的路面;装车前,要将果实包装好,包装内要加松软的垫层,包装箱外应加保温层;运输过程中可适当喷水保湿。有条件的应该采用集装箱式保温车或冷藏保温车运输。

附录一　狝猴桃年工作历

1月

(1)整形。"T"形架或大棚架,实行单主干上架。每株沿行向以反方向培养2个健壮主蔓, 在主蔓上每隔30~50厘米选留垂直于主蔓的结果母枝,向横梁方向错开排列,在结果母枝上留4~7个结果枝。

(2)修剪。一年生幼树剪截到饱满芽处,促使发强枝、快长树、早上架。二年生幼树在主干上选留2个主蔓,再在主蔓上培养结果母枝。三年生幼树选留发育枝或健壮结果枝,在饱满芽处剪截培养结果母枝。盛果树,在主蔓上间距25厘米选留发育枝或结果枝,在饱满芽处剪截培养结果母枝。成年树每平方米留3~4个结果母枝。徒长性结果枝留7个芽,长果枝留5~6个芽,中果枝留3~5个芽,短果枝留3~4个芽。短缩性果枝从基部疏除。徒长枝有空间的留作结果母枝或更新骨架,空间小的从基部2芽剪留成预备枝,无空间的疏除。疏除病虫枝、细弱枝、损伤枝、干枯枝、并生枝及交叉枝,并随时清除剪下的枝条。

(3)绑枝。整形、修剪后将预留的结果母枝、发育枝拉至水平状,固定在架面铁丝上。

2月

(1)清园。彻底清除园内落叶、残枝、烂果、枯草及包装物等,粉碎后沤肥、进沼池或深埋。

(2)春灌。解冻后(2月上中旬),果园土壤如干旱,应及时灌水,降低地温,延迟发芽,预防晚霜危害。

(3)防病虫。伤流开始至萌发前,全园树体喷施3~5波美度石硫合剂。

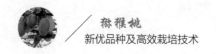

3月

(1)春栽。土壤解冻至展叶前,春栽果园按计划好的株行距南北向定植。挖定植穴(穴直径60~100厘米,穴深60厘米)或定植沟(沟宽60~100厘米,长度因地而定)时,心、表土分开堆放,施足基肥(腐熟后有机肥30~40千克+过磷酸钙0.5千克/株),肥、土搅拌均匀,填埋踏实,浅栽树,浇足水。做好土壤覆膜保墒工作。苗木要求:品种纯正,根茎部直径0.8厘米以上,根系较完整,无病虫危害,未受冻,不脱水。

(2)施肥。冬前未施基肥的果园要继续施肥,已施基肥的果园应追施萌芽肥。

(3)防治病虫。伤流初期检查溃疡病。对病株、病枝用20%速补可湿性粉剂800~1 000倍液+渗透剂5毫升/15千克或用甲基托布津和多菌灵300倍液喷1~2次,间隔10~15天。3月底喷施2 500倍绿色功夫或20%甲氰菊酯乳油2 000~3 000倍液防虫害。

(4)高接换种。需嫁接树在冬剪时选留5~8个嫁接母枝,其余枝条全部剪除。嫁接部位选在架面下15~20厘米的西北方向。一至三年生母枝采用单芽枝腹接,四年生以上母枝用单芽枝皮下接,被接枝较细时采用舌接或劈接。接穗要求未受冻、不失水、不萌发、无病虫危害。同期进行嫁接育苗。

(5)播种育苗,嫁接繁殖。

4月

(1)疏芽。疏除主干上、剪锯口附近的萌芽、徒长芽、背上芽及弱芽、瘪芽、无生长点的叶(花)丛芽、病虫危害芽等。

(2)复剪。伤流结束后进行复剪。剪除病虫枝、干枯枝、密生枝,剪截过长结果母枝,有空间的剪留3~6个健壮结果枝。

(3)疏蕾。疏除畸形、病虫危害、色黄而小、密生的花蕾及所有侧花蕾。

（4）树行覆草。用玉米秆、麦秸、麦糠、稻草等庄稼秆或除下的杂草覆盖在树行，20~30厘米厚，上面堆压少量土。

5月

（1）摘心。新梢变细、弯曲生长时即行轻摘心。

（2）防治病虫。开花前喷一次杀虫、杀菌剂的混合液。杀虫剂宜选用功夫、乐斯本、苦参碱、BT（苏云金杆菌）乳剂、甲蜱净、闪锐、虫赛死等。杀菌剂宜选用易保、农抗120、大生M-45、安泰生、多菌灵等。杀虫、杀菌剂任选1~2种，按说明混配使用。

（3）授粉。实施人工授粉。雄花散粉前收集足量花粉，于雌株盛花期隔日采用人工或机械授粉。

（4）疏果定果。花后15~20天疏果、35~40天定果（二次疏果），彻底疏除畸形果、病虫果、小果、侧果、碰伤果，选留发育良好、果形整齐且分布均匀的幼果。留果量：亩产商品果（90~130克/果）2 000~3 000千克，每株应选留380~420个果，即健壮果枝留3~4个果，中果枝留2~3个果，短果枝留1个果。

（5）追肥。花后追施氮、磷、钾三元素复合肥0.5~0.6千克/株或磷酸二铵0.3千克/株+氯化钾0.5千克/株，叶面喷施1次"美露"美林钙和腐殖酸、黄腐酸、氨基酸、高美施等叶面肥，发生黄化病的果园加果叶绿、柠檬酸铁等。

（6）灌水。幼果迅速膨大期，要求果园土壤相对湿度保持在80%，不足时要及时灌水。

（7）播种绿肥。花后在树行间播种三叶草、毛苕子、绿豆等绿肥作物。幼园可套种生育期短、浅根、矮秆、高效经济作物。清耕园做好除草、松土保墒管理工作。

（8）高接树管理。高接树除保留接芽外，其他萌芽及时抹除。待接芽萌

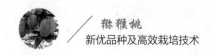
发出5片叶后摘心引绑。未接活树要选留5~8个合适的萌发枝,在其上留7~8片叶摘心除杈枝,待后补接。

(9)松土保墒,中耕除草。

6月

(1)追肥。追施壮果肥。6月中下旬,选施三元素复合肥30千克/亩。叶面喷施钙、钾肥以及氨基酸500倍液等叶面肥2次,相隔10~15天。

(2)防治病虫。定果后喷施高仙生+10%农抗120可湿性粉剂、绿色功夫、灭扫利、bt乳剂或乐斯本等农药,防治东方小薪甲、斑衣蜡蝉、叶蝉和早期落叶病等。

(3)果实套袋。落花后45~50天,对果实全面喷施一次杀菌、杀虫剂后套袋。套袋选用米黄色的木浆果袋,规格12厘米×16厘米,底部有通气孔。及时抹芽、摘心。

7月

(1)水分管理。高温季节,保持果园土壤水分充足,干旱及时灌水,多雨时及时排除果园积水。

(2)除草。果园株间树盘中耕松土,行间生草,当草长到40厘米时,刈割覆盖于树盘内。预防根腐病,可用多元微肥加水灌根0.75千克/株。

(3)补高接。7月中旬前,补接春季高接未活的植株,每株接5~7个头。

(4)夏季嫁接。采用单芽片腹接繁殖苗木。

8月

(1)病虫防治。视果园病虫情况及时选喷1~2次苦参碱、绿色功夫和世高、农抗120、福星、甲基托布津等杀虫、杀螨、杀菌剂,防治秋季病虫。

(2)补肥。中晚熟品种果园可根据树势和挂果量追施(氮、磷、钾)三元素复合肥15~25千克/亩,叶面喷施"富万稼"有机钾肥600倍液或磷酸二氢钾250倍液2次,相隔8~10天。

（3）高温干旱时及时灌水，保持土壤湿润。

（4）及时摘心、除萌。

9月

（1）果实成熟采收前7~10天摘除果袋，摘除树上畸形果、病虫果、过小果、损伤果，使树上果整齐一致。

（2）对幼树及时剪梢或摘心，促其发育成熟，提高抗性。

（3）9月中下旬，早中熟品种成熟，用折光仪检测，当可溶性固形物含量在6.2%以上，即可分批分级采收上市。

10月

（1）晚熟品种成熟，当可溶性固形物含量在6.5%以上，分批分级采收上市或入库。

（2）采果后，果园立即选喷速补可湿性粉剂800~1 000倍液或腐烂净加渗透剂0.33毫升/千克，并加入叶面肥防治溃疡病菌入侵，延缓叶片衰老，增强光合作用，增加养分积累，增强树势和抗冻能力。

11月

（1）采果后至封冻前施入基肥。施入经无公害化处理的厩肥、饼肥等并加入过磷酸钙。一般四年生每株施入50千克，五年生每株施入80千克。盛果期果园，结合秋耕，全园撒施堆肥或腐熟农家肥2 000~3 000千克/亩，并混施多元微肥40~60千克或磷酸二铵15~20千克，以及生物菌肥2~3千克；也可选施"生物有机肥"120~160千克/亩。易发生缺铁性黄化病的果园，加施铁肥，混入基肥施入。幼园可结合扩放树盘或开沟或穴施，肥量依树大小而定，一般为大树的1/3~1/2为宜。

（2）幼苗停长至封冻前，均可建园。幼苗落叶前宜带土移栽最好，宜早不宜迟，以利根系恢复。

（3）清园。结合施基肥时将枯枝、落叶、落果清除或深埋。

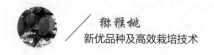
（4）对刚栽苗要培土防寒冻。

12月

（1）涂白。先刮除粗老树皮，对树干涂白。

（2）冬灌。封冻前全园灌透水，再浅耕保墒。

（3）修剪。开始冬季修剪，采收接穗并沙藏。

（4）深翻改土。采用挖穴改土和壕沟改土。改土深度：丘陵山地园地30~50厘米，平地园地50~60厘米，在穴沟里重点施入堆肥和厩肥。

附录二　特殊农药配制方法

石硫合剂的熬制和使用方法

石硫合剂是无机农药,是一种广谱杀虫、杀螨、杀菌剂,对防治多种病虫害都有很好的效果。春季萌芽前喷布 3~5 波美度的石硫合剂,可以大大减轻猕猴桃的发病率,并可使全年用药减少 3~4 次。具有药效长、成本低、既杀虫又杀菌、对环境无污染等优点,其中所含的硫和钙还是作物所需营养元素。

(1)石硫合剂的熬制方法

石硫合剂配制比例一般是石灰、硫黄与水的质量比为 1:2:10,即熬制一锅石硫合剂需用生石灰 1 千克、硫黄 2 千克、水 10 千克,可得到多于 10 千克的石硫合剂。将生石灰放在铁锅内,加入少量水搅拌成石灰浆,然后加水烧至 55 ℃,将硫黄粉用少量的水调成糊状慢慢地倒入石灰浆锅内,边倒边搅,使之混合均匀,最后加足用水量,并记住水位线。此时要加大火力,使锅内浆液快速沸腾,并不停地搅动。熬制过程中,要及时补足已蒸发的水量,并在反应的 15 分钟前补充完。沸腾 50~60 分钟后,待锅内药液表面有一层薄冰似的红褐色透明晶体析出,即表明药液已熬制好。等温度下降后,滤去残渣,滤液就是石硫合剂母液。其浓度一般都在 25 波美度以上,最高可达 28 波美度。

(2)使用方法

按"在果树发芽前一喷雾器水(约 10 千克)加入药液 2 千克,发芽后

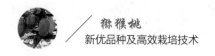
一喷雾器水加药液 0.2~0.3 千克"的方法操作即可,用药非常安全、方便,配制也简单。

（3）注意事项

随配随用。配制好的石硫合剂最好一次用完,即做到随配随用,切不可久置,否则会使药效降低。熬好的石硫合剂原液最好倒入带釉的缸或坛中进行密封保存,不可日晒。不能用铜或铝锅熬煮或盛放石硫合剂。

把握熬煮时间和火候。熬煮过程中要注意药液颜色,红褐色火候正好,黑绿色则熬得过火了。把母液滴入清水中,立即散开表明熬好了。如下沉,还需要再熬。因此在熬制过程中必须小心细致,这样才能使熬制出的石硫合剂质量高,防治病虫的效果好。

根据生育阶段确定使用浓度。石硫合剂使用浓度要根据当地的气候条件及防治对象来确定。冬季气温低时,植物处于休眠状态,使用浓度可高些;夏季气温高时,植物处于旺盛生长期,使用浓度高就容易产生药害,因此须降低浓度使用。一般使用浓度为:果树休眠期 3~5 波美度,旺盛生长期 0.3~0.5 波美度。

不要随意混用。石硫合剂为碱性农药,不可与有机磷农药及其他酸性农药(如退菌灵、乙膦铝、瑞霉素等)混合施用。否则,酸碱中和,药效降低或失去。此外,石硫合剂不可与同属碱性的波尔多液混用,因为两者混合后会发生化学反应,不但使药效降低,还导致药害。二者先后使用时还要掌握一定的时隔期,若是先喷了石硫合剂要间隔 15 天才能再喷波尔多液;若先喷了波尔多液,至少要间隔 20 天才能喷石硫合剂。同样,石硫合剂不可以与其他铜制剂农药混用。

石硫合剂与五氯酚钠混用作病菌铲除剂,比单独使用有增效作用。但混用时应先将五氯酚钠溶化在所需的全量水中,然后再加石硫合剂原液。因五氯酚钠不溶于石硫合剂,若配制时,颠倒次序,则配成的混合液产生棉絮状的沉淀,不仅降低药效,并且堵塞喷头,使喷药工作不能正常进行。

安全使用。石硫合剂腐蚀性强,喷药时不要接触皮肤和衣物。喷药时用的器具用完后应立即清洗,以免腐蚀损坏,如用清水洗不干净,可用食醋冲刷,洗净后晾干保存。

波尔多液的配制

波尔多液是一种保护性的杀菌剂,有效成分为碱式硫酸铜。波尔多液本身并没有杀菌作用,是由硫酸铜溶液和石灰乳混合而成的天蓝色胶状悬液,是一种保护剂,黏着力强,喷在植物表面后形成一层薄膜,可以防止病菌侵入植物体,浓度可以通过硫酸铜来调节。根据硫酸铜与石灰的比例,可分石灰倍量式、石灰等量式、石灰半量式、石灰多量式等。

硫酸铜、生石灰的比例及加水多少,要根据树种或品种对硫酸铜和石灰的敏感程度(对铜敏感的少用硫酸铜,对石灰敏感的少用石灰)以及防治对象、用药季节和气温的不同而定。生产上常用的波尔多液比例有:石灰等量式(硫酸铜:生石灰为 1:1)、石灰倍量式(硫酸铜:生石灰为 1:2)、石灰半量式(硫酸铜:生石灰为 1:0.5)和石灰多量式[硫酸铜:生石灰为 1:(3~5)]。用水一般为 160~240 倍。

(1)配制方法

先取 1/3 的水配制石灰乳液,充分溶解过滤备用再取 2/3 的水配制硫酸铜液,充分溶解备用。将硫酸铜液慢慢倒入石灰乳液中,边倒边搅拌或将硫酸铜液、石灰乳液同时慢慢倒入同一个容器中,边倒边搅拌。绝不可将石灰乳液倒入硫酸铜溶液中,否则配制成的药液沉淀快,易发生药害。注意波尔多液要随配随用,当天配的药液宜当天用完,不宜久存,更不得过夜,也不能稀释。配制波尔多液不宜用金属器具,尤其不能用铁器,以防发生化学反应降低药效。

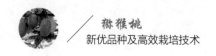

（2）注意事项

配制时，消石灰不宜使用。生石灰也要选择白色块，硫酸铜应选用鲜蓝色结晶，含杂质多的不宜使用。

一般宜在晴天使用，阴雨天容易产生药害。要喷得均匀，喷得不均匀容易产生药害。

不能与石硫合剂、多菌灵、甲托、代森锰锌等杀菌剂、杀虫剂混用。

配置时，不能使用金属容器，喷过波尔多液的喷雾器，要及时洗净，否则会腐蚀损坏。

适时安全喷药。使用波尔多液应避开高温、高湿天气，如在炎热的中午或有露水的早晨喷波尔多液，易引起石灰和铜离子迅速剧增，致使叶片、果粒灼伤。一般在下午 3:00 后喷药较为安全。

涂白剂的配制

树体涂白可有效减轻日灼病和腐烂病的发生，常用的涂白剂配方为：硫酸铜 500 克、生石灰 10 千克、水 30~40 千克[或以硫酸铜、生石灰、水以 1:20:(60~80)的比例配制]。用少量开水将硫酸铜充分溶解，再用 2/3 的水量加以稀释，将生石灰另加 1/3 水慢慢熟化调成浓石灰乳，等两液充分溶解且温度相同后将硫酸铜倒入浓石灰乳中，并不断搅拌均匀即成涂白剂。

附录三　一般农药配制原则

常规的防治原则为开花前喷杀菌剂,开花后喷杀虫剂,及时刮除树干及枝蔓上的虫卵和病斑。用3~5波美度石硫合剂进行主干涂白或全树喷洒,以减少病虫害的发生。

常规病害的防治措施

主要进行根腐病、花腐病、叶斑病的预防,可用800倍的托布津,或1:0.5(150~180)倍的波尔多液,或500~800倍液的可湿性多菌灵,或代森锰锌,或农用链霉素500倍液等多种无公害杀菌剂,交替使用。

常规虫害的防治措施

主要进行介壳虫、金龟子、叶蝉、叶甲等虫害的防治,用25%噻嗪酮、48%毒死蜱、20%氰戊菊酯3 000倍液等杀虫剂交错喷施,75%辛硫磷乳剂1 000~2 000倍液灌树盘。

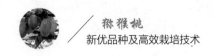

参 考 文 献

［1］Belrose,Inc.World kivifruit review a publication of Belrose,Inc ［J］.Publishers of the World Apple Report,2011,14.

［2］Huang H W,Wang S M,Jiang Z,et al.Exploration of Actinidia genetic resources and development of kivifruit industry in China［J］.Acta Hort,2003,610:29-43.

［3］Warrington I J,Weston G C.Kiwifruit science and management ［J］.New Zealand Society for Horticultural Science,1990,5:247-413.

［4］安新哲.猕猴桃优质高效栽培掌中宝［M］.北京:化学工业出版社,2012.

［5］包日在,林尧忠,季庆连.猕猴桃品种布鲁诺幼树优质丰产栽培技术［J］.中国果树,2002,4:36-37.

［6］陈启亮,陈庆红,顾霞,等.中国猕猴桃新品种选育成就与展望［J］.中国南方果树,2009,38(2):70-74.

［7］崔致学.中国猕猴桃［M］.济南:山东科学技术出版社,1993.

［8］顾霞,陈庆红,何华平,等.金魁猕猴桃结果园秋冬管理 ［J］.福建果树,2008,146(3):44-45.

［9］渡边庆一,陈松林.猕猴桃花药培养再生植株 ［J］.国外特种经济动植物,1989,2:50-51.

［10］金方伦,黎明,韩成敏.贵长猕猴桃在黔北地区的生物学特性及丰产优质栽培技术［J］.贵州农业科学,2009,37(10):175-177.

［11］吕俊辉,吕娟莉,陈春晓.优质早熟猕猴桃新品种翠香［J］.西北园艺,2009,4(31):35-39.

［12］李桂风,王延平.北方软枣猕猴桃栽培技术［J］.牡丹江师范学院学报自然科学版,2009,2:46-47.

［13］李书林,曹振强,王熙龙.猕猴桃早熟新品种豫猕猴桃 2 号[J].中国果树,2001,5:7-8.

［14］黄宏文.猕猴桃属·分类资源驯化栽培[M].北京:科学出版社,2013.

［15］黄宏文,王圣梅,张忠慧,等.猕猴桃高效栽培[M].北京:金盾出版社,2001.

［16］侯振华.猕猴桃种植新技术[M].沈阳:沈阳出版社,2010.

［17］齐永杰,徐义流. 安徽省皖西大别山区猕猴桃资源调查 [J]. 园艺学报,2013,38:1258.

［18］齐秀娟.怎样提高猕猴桃栽培效益[M].北京:金盾出版社,2006.

［19］王明忠,李明章.红肉猕猴桃新品种"红阳猕猴桃"的选育研究∥猕猴桃研究进展[M].北京:科学出版社,2000.

［20］王西锐,雷玉山,刘运松,等.猕猴桃新品种华优的选育[J].中国果树,2008,2:8-11.

［21］王仁才,吕长平,钟彩虹.猕猴桃优质丰产周年管理技术[M].北京:中国农业出版社,2000.

［22］王声森,胡淑庄,陈联和,等.美味猕猴桃"米良 1 号"引种及栽培技术[J].西南园艺,2005,33(3):36.

［23］王中炎,Gould K S,Patterson K J.猕猴桃砧木对花芽分化的影响及其生理基础[J].园艺学进展,1994,6:350-355.

［24］严平生.美味猕猴桃新品种"金香"的选育和推广∥猕猴桃研究进展(Ⅳ)[M].北京:科学出版社,2007.

［25］钟彩虹,王中炎,曾秋涛,等.优质猕猴桃新品种"丰悦"与"翠玉"∥猕猴桃研究进展(Ⅱ)[M].北京:科学出版社,2003.

［26］朱鸿云.猕猴桃[M].北京:中国农业出版社,2009.

［27］朱鸿云.猕猴桃优良品种与无公害栽培[M].北京:台海出版社,2002.